U0064568

費曼物理學講義 I
力學、輻射與熱
3 旋轉與振盪

The Feynman Lectures on Physics
The New Millennium Edition
Volume 1

By Richard P. Feynman,
Robert B. Leighton, Matthew Sands

師明睿　譯
高涌泉　審訂

The Feynman

費曼物理學講義　I
力學、輻射與熱

3 旋轉與振盪　　　　目錄

The Feynman

費曼物理學講義 I
力學、輻射與熱

1　基本觀念

2 力學

中文版前言

The Feynman

第18章

二維旋轉

18-1 質心

前面幾章內，我們研討了點，也就是微小粒子的力學，並未追究其內部結構。以下幾章內，我們將進一步探討，如何把牛頓定律應用到比較複雜的東西上。世界愈複雜，就會愈有趣，我們也將發現，結構比較複雜的物體跟僅僅一個點的力學現象大不相同。當然這些現象不過就是牛頓三大定律的組合罷了，還是很難令人相信，只是 $F = ma$ 在主宰而已。

我們談的稍複雜物體，可以有好多種：流動的水、旋轉的星雲等等都是。而這些「複雜」物體中最容易分析的，就是所謂的**剛體**（rigid body），是堅實的物體，移動時會旋轉。不過即使這麼簡單的物體，它的運動也可能相當錯綜複雜，所以我們從最簡單的運動著手，那就是某個占有空間某範圍的物體（具有長寬高，不是沒有體積的點）繞著**固定的軸**在旋轉。該物體上的任何一點，會在與轉軸垂直的平面上做圓周運動，我們把這樣子繞著固定軸的轉動稱為**平面旋轉**（plane rotation）或二維旋轉。

我們稍後會把它再推廣延伸到三維。不過在過程中我們會發現，旋轉的觀念很微妙，跟一般粒子的力學不同，除非先對二維的情況打下深厚的基礎，否則不易徹底瞭解。

複雜物體的運動定理很容易觀察到。只要把許多木塊和細木條用細繩綁住，拋向空中。我們當然知道它會沿著拋物線前進，因為我們已經研究過單一粒子的情況。但是現在這個東西**不是**一個粒子，拋出後會一直搖擺、晃動。我們還是看得出來，整團東西的確沿著拋物線前進。可是到底是什麼部分沿著拋物線呢？

顯然不在木塊的邊角上，也不在細木條的中點或端點上，更不

在木塊的中心，因為木塊跟木條都在搖擺不定。但是**總有一點**是實質「中心」在沿著拋物線運動。所以複雜物體運動的第一項定理，就是證明任何物體都**具有**一個可以用數學界定的平均點會在空中按拋物線前進，雖然它不見得會在具有質量的某個點上。這就是質心（center of mass）定理，其證明如下。

我們可以把任何物體視為由許多微小的粒子（原子）組成，而每個粒子上所受到的力都不完全相同。我們用字母符號 i 代表某個單獨粒子（粒子總數非常龐大，i 可以高達 10^{23}），那麼第 i 個粒子所受的力，即等於該粒子的質量乘以加速度，

$$\mathbf{F}_i = m_i(d^2\mathbf{r}_i/dt^2) \tag{18.1}$$

在以下幾章裡面我們所討論的運動物體，其任何部位的速率都要比光速慢了許多，因此所用到的各種數量，只取其非相對論性近似值。這種情況下，質量可視為定值，所以

$$\mathbf{F}_i = d^2(m_i\mathbf{r}_i)/dt^2 \tag{18.2}$$

現在如果把每個粒子上的作用力 $\mathbf{F}_i$ 都加起來，我們得到作用於該物體上的總力 $\mathbf{F}$。而上式的右手邊，把各個 $m_i\mathbf{r}_i$ 分別微分之後的和，當作是先加起來之後再微分，於是

$$\sum_i \mathbf{F}_i = \mathbf{F} = \frac{d^2(\sum_i m_i\mathbf{r}_i)}{dt^2} \tag{18.3}$$

所以總力等於各個粒子的質量乘以個別位置的加總，再對時間所作的二階導數。

這麼一來所有粒子受力的總和就是**外**力。為什麼呢？雖然這些粒子承受各種力，有細繩造成的搖擺、拉扯跟推擠，也有原子力，

林林總總的，我們必須求出這些力的總和。幸好有牛頓的第三定律告訴我們，兩粒子之間的作用力恆等於反作用力，因此在把作用力相加求總和的時候，物體中粒子之間的作用力與反作用力都相互抵消，最後剩下的只是不屬於該物體的粒子對物體所發出的力。所以如果(18.3)式是針對某些粒子的作用力作加總，這些粒子合起來就叫「物體」，而該物體中各粒子所受到的**所有**作用力之總和就等於該物體所受到的**外**力。

　　接下來，我們如果能夠把(18.3)式改寫成爲由全部質量乘以加速度的形式，就更美妙了。讓我們先假設 M 是該物體的總質量，另外我們再**定義**出某個向量 $\mathbf{R}$，規定它是

$$\mathbf{R} = \sum_i m_i \mathbf{r}_i / M \qquad (18.4)$$

則(18.3)式就成了

$$\mathbf{F} = d^2(M\mathbf{R})/dt^2 = M(d^2\mathbf{R}/dt^2) \qquad (18.5)$$

因爲 M 爲定值。我們從上式發現，外力等於總質量乘以某個位置爲 $\mathbf{R}$ 的虛擬點的加速度。這個點正是該物體的**質心**。質心位於該物體的某個「居中」位置，是各個不同 $\mathbf{r}_i$ 按其質量大小而有不同的權重得到的平均。

　　我們將在下一章更詳盡討論這項質心定理，目前只談談兩個重點。第一，假設外力總和等於零，又假設這件物體在虛空中載沉載浮，它雖然會旋轉、搖擺、扭動，或做出其他動作；但是它的**質心**，這個人爲發明、計算出來的點，卻**會作等速運動**。而且，如果物體一開始便靜止不動，它會一直保持靜止不動。

　　如果我們有個箱子，當作是一艘太空船裡面載人，我們計算出它的質心位置，發現只要沒有外力對這個箱子施力，質心就會一直

待在同一點上。當然啦！太空船會在太空中小幅移動，那是因為裡面的人在前後走動：當太空人向前走，整個太空船會同時向後挪動了一些些，讓所有質量的平均位置停留在同一點上不動！

　　沒有外力的影響下，質心的位置無法改變，推進火箭豈不是毫無可能？並非如此。我們理解到，若要火箭主體往前移動，必須拋棄某些部分。換言之，假如火箭原先速度是零，當它尾端噴出一些氣體時，火箭主體會往另一方向前進，質心一直停留在原處沒動。我們丟掉不重要的部分，去推動重要的主體部分。

　　我們現在要提出質心的第二個特性就是，質心跟物體的各種「內部」運動無關，可以分開來討論。所以在討論旋轉時，我們可以完全忽略質心的動向。

18-2　剛體的旋轉

　　現在我們來討論旋動。當然一般物體不只是旋轉，還會搖晃、抖動、彎曲變形，為了簡化討論，我們要探究實際上不存在，稱為**剛體**的理想物體。在這類物體裡面，原子之間的作用力非常強大，足以推動這些物體的小小外力，並不會使物體變形。也就是說物體在運動時，形狀保持固定不變。討論剛體運動時，我們若講好不看質心的運動，剛體就只剩一種運動，就是**旋轉**。

　　該如何描述旋轉呢？假設物體中有某條直線維持不動（有沒有通過質心，並不重要），而物體就是以這條線為轉軸旋轉。我們可以在物體表面上，除了旋轉軸以外，任意選取一點，畫上記號，看記號走到哪裡，我們就隨時知道物體的現況，只需要用**角度**來描述該點位置。換言之，旋轉就是探討角度如何隨著時間變化。

　　為了研究旋轉，我們得觀察物體轉了多少角度。當然這個角度

不是指物體**內**的任何一個角，也不是畫在物體表面上的某個角，而是整個物體的**位置**，隨著時間更迭而發生的**角度變化**。

　　首先我們來看旋轉的運動學。角度隨著時間改變，如同一維運動中我們探討過位置與速度，在平面旋轉我們談的是角位置跟角速度。實質上，二維旋轉跟一維位移之間，有著非常有趣的關聯：幾乎每一個量，在對方都有相對應的量存在。首先，角度 θ 定義物體已經**轉動**了多少，對應到**直線**運動中的距離 s，表示物體已經移動了多遠。

　　同樣的，轉動的速度 $\omega = d\theta/dt$，它告訴我們每單位時間中角度 θ 改變了多少，就如同 $v = ds/dt$，表示物體究竟跑得多快，也就是每單位時間中它移動了多遠。旋轉所用的單位為弧度（radian），角速度 ω 就是每秒轉了若干弧度。角速度愈大，表示物體旋轉得愈快，亦即角度的變化愈快。我們循這個思維，把角速度對時間微分，得到角加速度 $\alpha = d\omega/dt = d^2\theta/dt^2$，對應到一般的加速度。

　　由於物體是由粒子所組成，接下來我們當然必須找出旋轉動力學跟物體內粒子的動力學定律的關係，所以我們必須探討角速度是若干時，某個粒子如何運動？為了要作分析，跟平常一樣我們先鎖定在某一特定時刻，位置為 $P(x, y)$，且離旋轉軸的距離為 r 的某個粒子（如圖 18-1）。假定過了一段短暫的時間 Δt，整個物體已轉動了小小的角度 $\Delta\theta$，把這個粒子換了位置。

　　這粒子到轉軸 O 的半徑距離 r 沒變，不過卻從 P 點跑到了 Q 點。首先我們想知道該粒子的座標 x 值跟 y 值各變動了多少？根據角的定義，如果 OP 的長度為 r，PQ 等於 $r\Delta\theta$。於是 x 值的變化，就是 $r\Delta\theta$ 在 x 方向上的投影：

$$\Delta x = -PQ \sin\theta = -r\,\Delta\theta \cdot (y/r) = -y\,\Delta\theta \qquad (18.6)$$

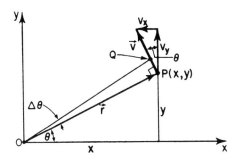

<u>圖 18-1</u>　二維旋轉的運動學

同理可得

$$\Delta y = +x\,\Delta\theta \qquad\qquad (18.7)$$

如果物體是以已知的角速度 ω 在轉動，我們可以把以上(18.6)式跟(18.7)式的兩邊，分別都以 Δt 去除，即得到粒子的速度如下：

$$v_x = -\omega y \quad 以及 \quad v_y = +\omega x \qquad (18.8)$$

當然啦！如果我們想知道速度大小，則只需要寫

$$v = \sqrt{v_x^2 + v_y^2} = \sqrt{\omega^2 y^2 + \omega^2 x^2} = \omega\sqrt{x^2 + y^2} = \omega r \quad (18.9)$$

粒子的速度大小等於 ωr 這件事並沒那麼神祕。粒子在 Δt 時間內移動了 $r\Delta\theta$ 的事實，明顯可看出來 $v = r\Delta\theta\,/\Delta t = \omega r$。

　　為了繼續討論**旋轉的動力學**，我們必須先引介**力**這個全新的觀念。我們先看是否能發明一個觀念，叫做**力矩**（torque，此字源自拉丁文 *torquere*，扭轉的意思），它跟旋轉的關係，就好像力跟直線運動的關係一樣。力是直線運動的先決條件，那麼要叫物體旋轉，

得先有「轉動力」或「扭轉力」，就是所謂的力矩。

　　定性而言，力矩是扭轉一下，定量呢？我們預計用定量方式來探討力矩的理論，看它轉動物體時做了多少**功**，因為已經有個不錯的對應方法可定義力的大小，就是去看這個力作用了某段距離後，施了多少功，我們為了要維持直線跟旋轉物理量的對應關係，把施力使物體旋轉的功定義為，**力矩**（相當於力）乘以轉動**角度**（相當於位移）。也就是說，力矩的定義如此安排就是要讓功的定律有絕對的對應關係：力乘以距離是功，力矩乘以角度也會是功。這也告訴了我們，力矩究竟是啥。

　　譬如說，我們考慮某剛體，其上有若干不同的力在對它作用，而該物體繞著某根軸在轉動。我們先把焦點集中在某個力，這個力作用於該物體的某一點(x, y)上。當物體轉動了非常小的角度時，該力做了多少功？答案不難，功等於

$$\Delta W = F_x\,\Delta x + F_y\,\Delta y \qquad (18.10)$$

我們只需把上式中的 Δx 跟 Δy，用(18.6)式跟(18.7)式取代，就得到

$$\Delta W = (xF_y - yF_x)\,\Delta\theta \qquad (18.11)$$

　　我們所做的功的大小，事實上等於該物體轉動過的角度 $\Delta\theta$，乘以某個由各種力跟距離乘積的奇怪組合。這個「奇怪組合」正是我們所稱的力矩。就這樣，把轉動時所做的功定義為力矩乘以角度，我們就有了藉由力來表達力矩的公式。（顯然力矩並非與牛頓力學完全無關的新觀念──力矩肯定可以藉由力來界定。）

　　若干個力作用的情況下，所做的功當然就是把每一個力單獨所做的功全加起來的總和。也就是 ΔW 裡面包含著許多項，每一項分別代表單獨一個力所做的功，**不過每一項都跟 $\Delta\theta$ 成正比**。我們可

以把每一項的 $\Delta\theta$ 都拿出來集中，然後說整個功的改變，等於來自每個作用力的力矩之總和乘以 $\Delta\theta$。這些力矩之和，我們稱爲總力矩，以符號 τ 代表。所以力矩的和，可以用普通代數裡的加法。

但是我們待會兒即將發現，這個性質只限於同一平面上的力矩求和。其情形正有如一維運動學中，由於所有的力都在同一方向，可直接加減。在三維空間就要複雜一些。所以對於二維旋轉來說，

$$\tau_i = x_i F_{yi} - y_i F_{xi} \tag{18.12}$$

以及

$$\tau = \sum \tau_i \tag{18.13}$$

必須強調一點，這些力矩都是繞著某一特定轉軸在轉動。如果選了另一根轉軸，則所有的 x_i 跟 y_i 數值都會隨著改變，力矩值通常也都會不同。

現在我們暫停一下，回顧剛才介紹的「力矩來自功」的觀念。針對處於平衡狀態（equilibrium）的物體，我們領悟到一個重要心得：如果作用在某物體上的平移力都相抗衡（in balance），則淨**力**爲零，旋轉力都相抗衡時，淨**力矩**也是零；因爲物體在達到平衡時，這些力完全沒有做功，一點點小位移也沒有。 $\Delta W = \tau \Delta\theta = 0$，因此力矩總和必然是零。所以說，平衡狀態有兩個條件：合力爲零，以及總力矩爲零。請自己證明，（在二維轉動中）無論選取哪一點做爲軸，平衡狀態物體的力矩總和一概等於零。

爲了要弄清楚前述的奇怪組合 $xF_y - yF_x$ 究竟有怎樣的幾何意義，我們來探討某一個力。圖 18-2 中，我們看到作用於 P 點上的力 **F**。當這個物體轉動了小角度 $\Delta\theta$，其間所做的功當然等於「在位移方向的分力乘以位移」。換言之，只有切線方向的分力才作

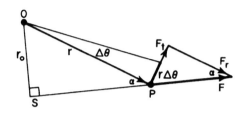

圖 18-2　力產生的力矩

功,而這分力必須乘以距離 $r\Delta\theta$,所以我們從中看出,力矩等於切線方向（跟半徑垂直）的分力乘以半徑。

　　這跟日常觀念中的力矩觀念相符,因爲如果作用力完全是徑向,物體不會轉動,顯然產生轉動的力只是切線方向的分力,不通過軸心。除此之外,施力點離轉軸愈遠,轉動效果愈大。事實上如果我們把力施**在轉軸上**,物體根本不會旋轉！因此,轉動的量（也就是力矩的大小）跟施力點離轉軸的距離成正比,也跟切線方向的分力成正比。

　　針對力矩還有第三個非常有趣的公式。我們剛才從圖 18-2 中看到,力矩等於作用力 **F** 乘以角度 α 的正弦函數 $\sin \alpha$（即 **F** 在轉動切線方向的分力 F_t）,再乘以半徑 r。不過如果我們把作用力的線段延長,然後從轉軸點 O 畫一條跟該延長線垂直的線段 OS（此即是該作用力的**力臂**）,我們看出來,力臂的長度 r_0 比 r 短,而兩者的比與切線方向的分力 F_t 跟 **F** 的比正好相同。所以力矩公式又可寫作 $\tau = Fr_0$,亦即力矩等於作用力乘以力臂的長。

　　力矩的英文除了 torque 之外,又叫做 moment of force。此一名稱的由來,現已不可考,不過也許英文的 moment 係由拉丁文 *movimentum* 演變過來有關,也可能是指用某特定力（以槓桿或橇棍）

移動物體時，效果隨著力臂的長度而增加。數學 moment（矩）則是指按照離轉軸的距離多遠來加權。

18-3 角動量

雖然到目前爲止，我們只考量剛體這種特殊情況，但即使不是剛體，力矩性質以及其中的數學關係還是滿有趣的。事實上，我們可以證明一個非常了不起的定理：針對某群粒子，正如同外力等於全部粒子總動量 **P** 的變化率 p，外力矩也等於全部粒子**總角動量** L 的變化率。

爲了證明此點，我們假設有一群粒子組成的某系統，受到某些外力作用，然後看看由這些力的力矩對此系統會造成怎樣的結果。當然啦！我們先看只有**一個**粒子的情況。

圖 18-3 中有一個粒子，質量爲 m，O 點是軸。這個粒子不見得要繞著 O 作圓周運動，它的軌跡可以是橢圓形，就像行星繞太陽一般，或別種曲線。總之粒子在移動，而且受某些力。粒子加速的方式係遵循常見的那個公式，即 x 方向的分力等於質量乘以加速

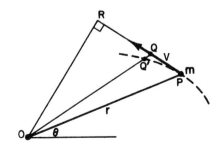

圖 18-3　一個粒子繞著軸心 O 運動

度在 x 方向上的分量，等等。

接下來看**力矩**如何運作。力矩等於 $xF_y - yF_x$，而 x 或 y 方向上的分力，等於質量分別乘以加速度在 x 或 y 方向的分量，也就是

$$\begin{aligned}\tau &= xF_y - yF_x \\ &= xm(d^2y/dt^2) - ym(d^2x/dt^2)\end{aligned} \tag{18.14}$$

雖然不容易一眼就看出來，但它的確是式子 $xm(dy/dt) - ym(dx/dt)$ 的導數：

$$\begin{aligned}\frac{d}{dt}\left[xm\left(\frac{dy}{dt}\right) - ym\left(\frac{dx}{dt}\right)\right] &= xm\left(\frac{d^2y}{dt^2}\right) + \left(\frac{dx}{dt}\right)m\left(\frac{dy}{dt}\right) \\ &\quad - ym\left(\frac{d^2x}{dt^2}\right) - \left(\frac{dy}{dt}\right)m\left(\frac{dx}{dt}\right) \\ &= xm\left(\frac{d^2y}{dt^2}\right) - ym\left(\frac{d^2x}{dt^2}\right)\end{aligned} \tag{18.15}$$

力矩果然是某樣東西隨著時間的變化率，而這個「某樣東西」我們稱之爲角動量 L：

$$\begin{aligned}L &= xm(dy/dt) - ym(dx/dt) \\ &= xp_y - yp_x\end{aligned} \tag{18.16}$$

我們目前討論只限於非相對論範圍，但是 $L = xp_y - yp_x$ 這個等式，在相對論的範疇依然成立。我們看出來，動量在旋轉運動中的對應量就是角動量。如同角動量可以寫成各直線動量分量的加總，力矩也可以展開成各分力的和！

這麼一來，如果我們想知道一個粒子繞著某個軸的角動量，只需取該粒子動量在切線方向的分量乘以轉動半徑。換言之，角動量不管該粒子**跑離**或**跑向**軸心點的速度，而是看粒子**繞**軸心多快。只

有動量的切線分量,才對角動量有貢獻。

動量離軸心愈遠,角動量愈大。不管是標示 F 或 p,幾何特性完全一樣。如同力矩有「力臂」,角動量也有作用臂,但兩者並不相等!求角動量作用臂的方法是:把動量線延長,然後找出軸心與這根線之間的垂直距離。角動量就等於動量乘以動量作用臂長度。如同力矩有三個公式,我們也有三個角動量的公式:

$$
\begin{aligned}
L &= xp_y - yp_x \\
&= rp_{切線} \\
&= p \cdot 力臂
\end{aligned}
\tag{18.17}
$$

跟力矩一樣,角動量值取決於所取軸心點的位置。

處理多於一個粒子的情況之前,讓我們把以上結果應用到繞日運行的行星上。作用力在什麼方向?向著太陽。力矩的特性呢?當然視我們選取的軸心而定。如果我們把太陽當作轉軸點,計算就很單純,由於力矩等於作用力乘以力臂長,也就是跟 r 垂直的切線分力乘以 r。以太陽作轉軸點,切線分力恆等於零,力矩為零。所以行星繞日轉動時角動量不變,必然維持定值。

這代表什麼意義?它告訴我們:行星在切線方向的速度乘以質量,再乘以半徑 r,是個一定值,因為這乘積就是角動量,而角動量的變化率是力矩,在這題中是零。當然行星的質量是定值,即切線方向的速度跟半徑乘積也會是定值。不過這是我們早就知道的行星運行現象。

假如我們探討在很短的時間 Δt 內,該行星從 P 點行進到了 Q 點(見圖 18-3)會走多遠?它跟太陽的連線會掃過多少面積?$QQ'P$ 面積小,比 OPQ 小得太多,可以忽略不計。掃過的面積 OPQ 等於底邊 PQ 乘以高 OR 的一半。換言之,每單位時間內所掃

過的面積，等於行星當時的速度，乘以速度的力臂長度 OR（的一半）。因而面積變化率跟角動量成正比關係，後者為定值，前者當然也是定值。

所以刻卜勒定律所述，行星在等長時間掃過的面積相同，其實就是講，力沒有產生力矩的情況下，把角動量守恆律用文字表述而已。

18-4　角動量守恆

現在我們進一步探討多個粒子的問題，就是由許多小塊組成的物體，不但小塊之間相互作用，也有外力作用其上。我們已經知道，環繞任一已知的固定軸，第 i 個粒子的力矩（亦即第 i 個粒子上的作用力乘以該力的力臂長）等於該粒子的角動量變化率；而第 i 個粒子的角動量，等於該粒子的動量乘以動量作用臂長。

現在假設我們把所有粒子的個別力矩 τ_i 全加起來，稱為總力矩 τ。而 τ 就是總角動量 L 的變化率，總角動量是所有粒子的個別角動量 L_i 加起來的量。一件物體的總**動量**等於該物體中各部分的個別動量之和，角動量也是個別角動量之和，所以 L 的變化率就是總力矩

$$\tau = \sum \tau_i = \sum \frac{dL_i}{dt} = \frac{dL}{dt} \qquad (18.18)$$

看起來總力矩似乎相當複雜。粒子之間所有的作用力以及外力，都需要考慮進去，才能求出正確的總力矩來。

我們只要舉出牛頓作用力與反作用力定律，不僅作用力跟反作用力的大小相同，而且**方向剛好相反**，即兩力在同一直線上（牛頓

對此雖未明白言及，但他隱約認定是如此），則無論轉軸怎麼選，這兩個力作用在同一個粒子上所形成的的兩個力矩，必然方向相反、大小相等而互相抵消。因此物體內部的力矩會兩兩抵消，我們得到一個很重要的定理，那就是**總角動量對應任一轉軸的變化率等於繞著該軸的外力矩**！亦即

$$\tau = \sum \tau_i = \tau_{外} = dL/dt \qquad (18.19)$$

此定理讓我們能夠處理眾多粒子的集體運動，不需要操心群體內粒子之間的各種運動細節。而且此定理對各種物體的組合均成立，無論是否為剛體都同樣適用。

上述定理有個極端重要的結果，那就是**角動量守恆律**：多粒子系統若沒有外力矩在對它作用，其角動量保持不變。

還有一個值得討論的特殊情況是剛體，也就是形狀固定會旋轉的物體。想像有一件幾何形狀固定、繞著某固定軸在轉動的物體。物體內各個部分的相對關係保持不變。我們想找出這物體的總角動量。假設第 i 個粒子的質量為 m_i，而粒子的位置是(x_i, y_i)，只要分別計算各個粒子的角動量，全部加起來，就是總角動量。某粒子繞著軸在轉動，角動量等於質量乘以速度，再乘以到轉軸的距離，而其中的速度又等於角速度乘以粒子到轉軸的距離：

$$L_i = m_i v_i r_i = m_i r_i^2 \omega \qquad (18.20)$$

把所有粒子的角動量全給加起來，我們得到

$$L = I\omega \qquad (18.21)$$

其中

$$I = \sum_i m_i r_i^2 \qquad (18.22)$$

(18.21)式跟直線運動中，動量等於質量乘以速度（$p = mv$）的形式相同，只是速度換成了角速度 ω，而質量 m 也被叫做**轉動慣量**（moment of inertia）的 I 給取代。(18.21)跟(18.22)兩式告訴我們，物體有個轉動慣量，不但取決於質量大小，也跟物體各部位離轉軸的**距離**有關。如果我們要轉動掛在桿子兩側，質量相等的物體，當物體離轉軸愈遠，起動愈困難，亦即轉動慣量愈大。

我們可用圖 18-4 中的裝置輕輕鬆鬆證明。圖中的砝碼 M 得轉動那根加有重物的桿子，不會自由落下。先把兩個重物 m 放在很靠近轉軸的對等位置，砝碼 M 以某個加速度下落，再把重物移到桿子上離轉軸較遠的位置，則 M 的下落加速度會相對的慢了下來，表示後者的抵抗轉動的慣量比前者大了許多。所以轉動慣量就是抵抗轉動的慣性，等於所有個別質量乘以到轉軸距離的**平方**加起來的總和。

雖然直線運動中的質量，相當於轉動中的轉動慣量，但兩者之間大有不同。物體的質量永不改變，但它的轉動慣量是**可以**改變

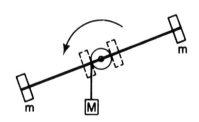

圖 18-4　轉動慣量的大小，取決於質量的力臂長度。

的。如果我們站在全無摩擦力的旋轉台上，兩臂向外伸直，雙手裡還握著啞鈴之類的重物，然後跟著旋轉台一起慢慢旋轉。這時把伸出去的兩臂收回來轉動慣量就變了，雖然質量沒有改變。由於角動量守恆定律，我們這麼做，會帶來種種奇妙的體驗。

其中的道理是，在外力矩為零的情況下，角動量 L 守恆，也就是轉動慣量 I 跟角速度 ω 的乘積保持定值。開始轉動的時候，轉動慣量 I_1 較大，角速度 ω_1（即轉速）不怎麼樣快，此時的角動量 $L_1 = I_1 \omega_1$。然後我們把兩臂收了回來，轉動慣量減低，變成了 I_2，角動量 $L_2 = I_2 \omega_2$。由於角動量守恆，亦即 $I_1 \omega_1 = I_2 \omega_2$。這告訴我們，如果我們**減低**轉動慣量，角速度就必須**增快**！

第 19 章 | 質心與轉動慣量

19-1　質心之性質

前一章裡我們學到，許多力作用於某團粒子時，不管這些粒子構成剛體、非剛體，或星雲，只要我們把它當作一體來考量，則在求力的總和時（外力即可，由於內力全都可以抵消），並假設總質量為 M，則在這個群體的「內部」存在一個**質心**，淨外力會使得此點產生加速度，彷彿總質量 M 全集中在質心一樣。現在讓我們繼續深入討論質心的細節。

質心（簡稱 CM）的位置可以由下面這個方程式求出：

$$\mathbf{R}_{CM} = \frac{\sum m_i \mathbf{r}_i}{\sum m_i} \tag{19.1}$$

這個向量方程式代表著三個方向上的三個方程式。先來探討 x 方向就足夠了，另兩方向可以「舉一反二」。

$X_{CM} = \sum m_i x_i / \sum m_i$ 是啥意思？姑且假設，這整件物體已等分為 N 個小碎片，每一塊碎片的質量都等於 m，諸如 1 公克或任何單位，則這個等式就可以簡化成，把所有碎片的座標 x 值加起來之後，再除以碎片的總數目 N：$X_{CM} = m\sum x_i / mN = \sum x_i / N$。換言之，若是每個碎片的質量都相等，$X_{CM}$ 即是全部 x 值的平均值。但是如果其中有一塊碎片的質量是其他碎片的兩倍，則在統計 x 值的總和時，這塊碎片的 x 值必須出現兩次。這不難理解，因為在那個 x 位置上，兩單位的質量可拆開成兩塊 1 單位質量的碎片。

所以，X_{CM} 是所有的小單位質量在 x 方向上的平均位置。在求 X_{CM} 時，每一塊質量被算到的次數跟質量大小成正比，就像把它分成很多「1 公克」的小塊一樣。這樣一來，我們可以很容易證明，

X_{CM} 必然介於最大跟最小的 x 值之間。所以 X_{CM} 必然位於剛好囊括整件物體的包絡之內。它不見得要落在有**質量**的地方，比方說圓型鐵環的質心不在環上，而在環的圓心。

當然啦！如果物體具有某種對稱，例如矩形物體具有對稱面，其質心必然會落在對稱面上。矩形有兩個對稱面，它們的交點正好就是質心。其他凡是有對稱軸的物體，質心也會落在該軸線上，因為有多少正的 x 值，就會有相同數量的負的 x 值。

另外還有一個非常奇特的論點。我們想像有件物體含 A 跟 B 兩部分（見圖 19-1），則可用下述方法求得整件物體的質心。首先找出 A 部分跟 B 部分各自的質心位置，並且量測出它們的質量 M_A 跟 M_B。然後探討以下新的問題，假設 M_A 集中在 A 部分的質心上，而 M_B 集中在 B 部分的質心上，那麼整件物體的質心就等於這兩個質點的質心。換言之，如果物體各個部分的質心已經找了出來，求整件物體的質心時，我們大可不必重頭做起，只需要把各部分看作是位於個別質心位置上的質點，整合一下求出這些點的質心，就大功告成了！

假設我們要計算某個整件物體的質心。該物體其中的粒子有些

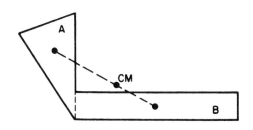

圖 19-1　複合物體的質心（CM）落在兩個組成部分的質心連線上

屬於 A，另外的屬於 B，因此 $\sum m_i x_i$ 可以分開成 $\sum_A m_i x_i$ 跟 $\sum_B m_i x_i$ 兩個部分。前者是 A 部分裡的總和，後者則只屬於 B 部分。如果我們只要計算 A 部分的質心，正好就是前面那個總和，而依照質心的定理，它等於 $M_A X_A$，即 A 部分中粒子質量的總和乘以該部分的質心位置。同樣的道理，如果我們只考量 B 部分，可得到 $M_B X_B$。兩者加起來就得到 MX：

$$
\begin{aligned}
M X_{\text{CM}} &= \sum_A m_i x_i + \sum_B m_i x_i \\
&= M_A X_A + M_B X_B
\end{aligned}
\tag{19.2}
$$

由於式子中的 M 顯然是 M_A 跟 M_B 之和，我們可以把上式解讀為兩個點物體的特殊例子，一個位在 X_A 上，質量為 M_A，另一個位在 X_B 上，質量為 M_B 求其質心的公式。

　　質心運動的定理不僅非常有趣，它在我們逐步瞭解物理世界的過程中，還扮演過重要角色。如果我們接受牛頓定律適用於大物體中的個別小單元，即使不去研究物體的細節，只要知道外力總和以及總質量，以上定理證實牛頓定律也可以適用於整件物體。

　　換言之，牛頓定律有個奇特的性質，那就是它能夠以小喻大。我們不需要把棒球視為極端複雜，由無數顆交互作用的微小粒子構成，只需要研究它的質心運動，以及所受到的外力，就會發現 $\mathbf{F} = m\mathbf{a}$ 成立，其中 $\mathbf{F}$ 是棒球所受到的外力，m 是棒球的質量，而 $\mathbf{a}$ 則是質心的加速度。所以定律 $\mathbf{F} = m\mathbf{a}$ 在大尺度仍然適用。（應該有個字眼，也許是希臘文吧，用來表達某定律在較大尺度還能適用的觀念。）

　　當然啦！一定有人會想到，人類當初最早發現的定律，應該就是那些在大尺度也適用的定律。為什麼呢？因為宇宙運作的基本構

件是原子的尺寸，一般日常的觀測方式根本無從看得到那麼微小。所以人們最早發現的，必然是日常生活尺度的物理現象，跟原子尺度下的真相不見得能扯上關係。如果微小粒子的物理定律在大尺度不適用，物理定律當初就不會那麼容易發現了。

反過來呢？小尺度的物理定律一定得跟大尺度的物理定律相同嗎？當然自然界不見得要這樣。假設原子真正的運動定律是某個奇怪方程式，這方程式是否有某性質，允許我們在大尺度時**繼續使用**這一個原子方程式（定律），答案是**沒有**。反之，這個方程式具有另一個性質：當尺度變大時，我們可以**用另一個方程式來近似它**，而且我們再往更大尺度前進時，這個近似方程式仍然持續適用。

上述情況不只是可能，事實上自然界還真是如此，牛頓定律可說是原子運動定律在尺度放大到極大時的表現。粒子在細微尺度的運動法則相當奇特。但是當一大群粒子在一起，其表現就比較近似牛頓定律，不過也**只是**「近似」而已。隨著尺度不斷加大，牛頓定律仍然成立。事實上尺度愈大，牛頓定律愈來愈準確。然而牛頓定律在大尺度持續適用的這個特性其實不是大自然的本質，但是在歷史上有重要意義。人類當初不可能一開始觀察就發現原子的基本定律，因為早期的觀察相當粗略。

事實上，我們後來才發現原子的基本定律，叫做量子力學。它跟牛頓定律大不相同，而且很難體會，因為我們的直接經驗都在大尺度，而微小尺度的原子的行為跟我們在大尺度觀察到的完全無關。因此我們不可以說：「原子就像是行星繞太陽那樣，」或類似比喻。原子跟我們熟悉的東西完全不同，根本無從比擬。當我們把量子力學應用到包含許多原子的集合體，或是放大的尺度時，由於量子力學**不太會**「重現」，它逐漸演變成**新的定律**，而這新的定律就是牛頓定律。牛頓定律在微微克的尺度下已然成形，而該尺度下

的原子數目已是以數十億計了。爾後牛頓定律發揮其「重現」的功能，一直到達整個地球的尺度，甚或遠比地球更大的東西，全都適用。

　　現在讓我們回到質心的議題上，質心有時也稱爲重心（center of gravity）。原因是在許多情況下，我們認定重力場爲均勻的。我們假設某個小空間裡，重力不僅跟質量成正比，並且方向也都跟某固定直線平行。我們想像某物體可分成許多小塊，其中第 i 塊的質量爲 m_i，那麼作用其上的重力等於 m_i 乘以重力加速度 g。如果該物體爲剛體，接下來的問題是，我們要用單一的力去平衡使它不會旋轉，這個力應該作用於何處呢？答案是這個力必須穿過質心，且看下面的證明。

　　我們知道，若要物體不旋轉，各個力所產生的力矩加起來必須等於零。道理很簡單，如果淨力矩不爲零，角動量就會產生變化，物體就會轉動。所以我們必須針對任一轉軸，計算所有粒子上的力矩之總和，而當轉軸經過質心時，淨力矩會等於零。設定轉軸通過座標的原點，水平方向爲 x 軸，而垂直方向爲 y 軸，力矩即等於重力（在 y 方向上，大小爲 $m_i g$）乘以該點的力臂 x_i（力矩等於力乘以力臂），而由重力產生的力矩總和爲

$$\tau = \sum m_i g x_i = g \sum m_i x_i \qquad (19.3)$$

所以若要總力矩爲零，則 $\Sigma m_i x_i$ 必須等於零。但是 $\Sigma m_i x_i = MX$，就是物體的全部質量乘以質心到轉軸的距離。就表示質心的 x 座標值爲零。

　　當然啦！以上我們只看 x 方向上的距離，然而如果我們支撐的是物體真正的質心，則不論物體怎樣擺設，都是處於平衡狀態，因

爲即使把該物體轉了 90 度，y 座標的討論跟 x 座標完全相同。

　　換言之，在平行的重力場內，以質心爲支點就完全沒有力矩。要是物體過於龐大，以致於各個部分的重力方向不平行的時候，要找出使物體平衡的著力點可不簡單了，而且這個點會稍偏離質心。這也是爲什麼有時候我們必須分清楚，質心跟重心是兩回事。

　　前面所說的，只要把支撐點放在質心上，則物體不論哪個方向都會呈現平衡，這事實還會導致另一個有趣的結果。如果作用力不是重力，而是來自加速度的假想力，我們仍然可以用同樣的數學步驟去找出支撐點，使得加速度的慣性力（inertia force）不會產生任何力矩。假如物體是在箱子裡面，而這個箱子及所裝載的東西都在加速。我們知道，相對於加速的箱子，靜止不動的旁觀者看到的是慣性造成的力。換言之，要讓物體跟著箱子一塊前進，我們必須施力於物體，使它加速，而這個推力被「慣性力」給抵消掉了。此慣性力是個假想力，其大小等於物體質量乘以箱子的加速度。箱子裡面的人所看到的情形，彷彿處於均勻重力場中，只是重力加速度的 g 值等於加速度 a。因此，由物體加速所得到的慣性力，不會對通過質心的轉軸造成任何力矩。

　　這個事實引伸出一個非常有趣的後果。不加速的慣性參考系內，力矩永遠等於角動量的變化率。然而**正在**加速中的物體，如果轉軸穿過其質心，力矩**仍**等於角動量的變化率。所以即使質心處於加速的情況下，我們還是可以找到某特殊轉軸通過物體的質心，讓力矩等於繞著該轉軸角動量的變化率。因此力矩等於角動量變化率的這條定理，在下述兩種普遍情況下都成立：(1) 慣性空間中的固定軸；(2) 通過質心的轉軸——即使物體在加速。

19-2　質心之定位

利用數學技巧把質心的位置計算出來，屬於數學課的領域，這類問題很適合用來練習積分。修完微積分想找出質心位置，還有幾個訣竅可以運用。

訣竅之一是帕普斯定理（theorem of Pappus），內容如下：平面上任取一封閉區域，然後將這片固定面積掃過空間，任何一點的移動方向，隨時隨地都跟平面垂直，那麼所得到的立體體積，等於截面面積乘以該面積質心所移動過的距離！當然如果質心的軌跡跟截面垂直，此定理顯然成立。

但是如果質心軌跡是個圓或其他曲線，所造成的立體外形就很奇特。質心沿著曲線轉彎時，截面外側各點走過的距離較長，內側各點距離較短，剛好互相抵消。因此，如果有一片密度均勻的平板，我們想要找出它的質心位置，只要記得這片平板繞著某轉軸所掃過的體積，等於質心走過的距離乘以平板面積。

例如，如果我們想要找出底為 D、高為 H 的直角三角形的質心位置（圖 19-2），方法如下：讓我們想像以 H 為軸，把此三角形轉動整整 360 度，就可以得到一個圓錐體。該三角形質心所走過的距離為 $2\pi x$，而三角形的面積則為 $\frac{1}{2}HD$。依照上述的帕普斯定理，兩者的乘積應該等於圓錐體的體積，$\pi D^2 H/3$。因此 $(2\pi x)(\frac{1}{2}HD) = \frac{1}{3}\pi D^2 H$，化簡之後得到 $x = D/3$。依同理換個轉軸，或是用對稱的觀念，我們得到 $y = H/3$。

事實上，只要是均勻的三角形，質心就在三條中線的交點上，中線即三角形頂點到對邊中點的連線，而該交點正好位於每條中線的 1/3 處。**提示**：把三角形分割成了許多平行於某底邊的細小條

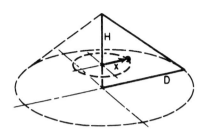

<u>圖 19-2</u>　一個直角三角形，以及轉動此三角形所形成的圓錐體。

塊，該底邊的中線把每小條塊等分爲二，所以質心必然在中線上。

　　現在讓我們試試較爲複雜的圖形。我們把圓盤分成兩半，若想要找出這個均勻半圓形的質心位置，該怎麼著手呢？整個圓盤質心當然在圓心上，但是半塊圓盤就沒那麼容易了。

　　我們設質心到半圓盤的直邊距離爲 x，而圓盤的半徑爲 r，然後以這半塊圓盤的直邊爲軸，轉動 360 度，得到一個球體。質心走過的距離等於 $2\pi x$，半圓盤的面積則是 $\pi r^2/2$（因爲它是圓面積的一半），半圓盤掃過球體的體積當然是 $4\pi r^3/3$，從這裡，我們發現

$$(2\pi x)(\tfrac{1}{2}\pi r^2) \;=\; 4\pi r^3/3$$

也就是

$$x \;=\; 4r/3\pi$$

　　還有另一種帕普斯定理，其實是前述定理的特例，因此一樣成立。假設我們有的不是那半塊實心圓盤，而是彎成半圓形的金屬線，線上的質量密度很均勻，想要找出它的質心。在這個例子，質量僅在金屬線上，不在半圓形內部。經過分析，如果按先前方式旋

轉，則掃過的**面積**就是質心走過的距離乘以金屬線的**長度**。（把該曲線看作是一片極其狹窄的「面」，就可以適用前述的定理。）

19-3　轉動慣量的求法

現在讓我們討論如何找出各種物體的**轉動慣量**。以 z 軸為轉軸的轉動慣量公式為：

$$I = \sum m_i(x_i^2 + y_i^2)$$

或是

$$I = \int (x^2 + y^2)\, dm = \int (x^2 + y^2)\rho\, dv \qquad (19.4)$$

意思是，我們必須把物體中每一個粒子的質量乘以到 z 軸距離的平方（$x_i^2 + y_i^2$），然後再統統加起來。注意，即使是三維物體，這個距離不是三維距離，而是二維距離的平方。大多數情況下，我們只打算討論二維物體，但是三維物體圍繞 z 軸轉動的公式是一樣的。

舉一個簡單的例子，如圖 19-3 所示，一根長度為 L 的棍子，繞著通過端點的垂直軸轉動。我們必須把棍子中所有粒子的質量，分別乘以該粒子的 x 距離的平方（這個例子裡 y 距離都是零），然後全部加起來求和。此處所謂「求和」的意思，當然就是把 x^2 乘以質量元素（element of mass）後積分。如果我們把這根棍子分成了許多小段的長度元素（element of length）dx，質量元素 dm 跟 dx 成正比，若棍子的總質量為 M，亦即

$$dm = M\, dx/L$$

因而

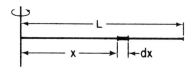

圖 19-3　一根筆直的棍子，長度等於 L，以通過端點的直線為軸進行轉動。

$$I = \int_0^L x^2 \frac{M\,dx}{L} = \frac{M}{L} \int_0^L x^2\,dx = \frac{ML^2}{3} \qquad (19.5)$$

轉動慣量的因次永遠都是質量乘以長度的平方，所以這兒我們真正需要做的是計算出 1/3 這個因子罷了。

如果轉軸在棍子的中點，轉動慣量會是多少？我們可以再做一次積分，只是把 x 的積分範圍改成從 $-L/2$ 到 $+L/2$ 。關於轉動慣量，這裡有幾點要注意。我們可以把這根棍子看作是兩根棍子，質量各為 $M/2$ ，長度為 $L/2$ ，兩者有相同的轉動慣量，可以利用 (19.5)式求出。因此這樣的轉動慣量是

$$I = \frac{2(M/2)(L/2)^2}{3} = \frac{ML^2}{12} \qquad (19.6)$$

所以讓棍子繞著中點旋轉，要比繞著端點轉動容易得多。

當然啦！我們可以繼續演算各種物體的轉動慣量，雖然這種計算對學習微積分是很重要的練習，但是對學習物理意義不大。不過，某個有趣的定理非常有用。假如我們有一件物體，想找出它繞著某轉軸的轉動慣量，這意思是說，我們想知道該物體繞軸轉動時所需的慣量。現在假設這個物體的支點在質心，若是我們施力在支

點上,我們發現物體根本不會繞任何轉軸旋轉(因為從慣性作用上得不到任何力矩,所以它只會整體平行移動,而不會轉動)。

造成該物體轉動的外力就如同整件物體的質量都集中在質心上似的,其轉動慣量寫成 $I_1 = MR_{CM}^2$ 即可,式子中 R_{CM} 就是質心跟轉軸的距離。不過,若這物不但會轉動,同時又繞著質心旋轉,這個式子就不適用了,因為不只質心在繞圈圈(對 I_1 有貢獻),物體也在繞著質心旋轉。我們應該要在質心的轉動慣量 I_1,再加上該物體圍繞質心旋轉的轉動慣量 I_c。因此,對任意轉軸,總轉動慣量的公式是

$$I = I_c + MR_{CM}^2 \tag{19.7}$$

這個定理稱做**平行軸定理**(parallel-axis theorem),證明並不困難。物體繞任意軸轉動的轉動慣量為 $I = \Sigma m_i(x_i^2 + y_i^2)$,我們先看 x 方向,當然 y 方向也適用。x_i 是指物體中某一特定 i 粒子跟原點之間的距離,如果用該粒子到質心 CM 的距離 x'_i 來取代 x_i,轉動慣量公式會是如何?在分析之前,我們先寫下

$$x_i = x'_i + X_{CM}$$

把上式的兩邊平方,可得

$$x_i^2 = x_i'^2 + 2X_{CM}x'_i + X_{CM}^2$$

把上式乘以 m_i,然後求所有 i 粒子的總和,結果是什麼?把各項中的常數移到求加符號之外,整個式子便成了

$$I_x = \sum m_i x_i'^2 + 2X_{CM} \sum m_i x'_i + X_{CM}^2 \sum m_i$$

上式右邊第三項很簡單,就是 MX_{CM}^2。第二項兩個因子的第二個因

子爲 $\sum m_i x'_i$ 相當於物體的質量乘以質心的 x' 座標值。事實上質心正是 x' 座標的原點。換言之，第二項總和等於零。第一項總和當然就是 I_c 的 x 方向部分。再加 y 方向上的同樣考量後，我們得到了(19.7)式，因而證明了我們的猜想沒錯。

　　讓我們用一個實例，來試試(19.7)式在棍子的情況是否正確。前面已經計算過，棍子如果以其一端點爲轉軸，轉動慣量應該是 $ML^2/3$。棍子的質心當然位於棍子的中點上，跟轉軸的距離爲 $L/2$。我們把這兩個數據代入(19.7)式，可以得到 $ML^2/3 = I_c + M(L/2)^2$，因此 $I_c = ML^2/3 – ML^2/4 = ML^2/12$，可見(19.7)式基本上是正確的。

　　順便一提，其實我們不必使用(19.5)式中的積分方法去求轉動慣量。只需假設棍子的轉動慣量等於 ML^2 乘上一個未知的係數 r。依照(19.6)式的推理，兩根半截棍子轉動慣量的係數變成了 $r/4$。再由平行軸定理的公式(19.7)，我們可證明 $r = r/4 + 1/4$，是故 r 必然等於 $1/3$。解題總有殊途同歸的辦法！

　　在應用平行軸定理時，有一個頂重要的條件得特別記住，那就是兩根轉軸**必須平行**才行。

　　轉動慣量還有個性質值得一提，在求取某些類型物體的轉動慣量時，經常可以派得上用場。這個性質是這樣的：假設我們有一片**平板**，形狀不拘，座標系的原點就設在此平面上（亦即 $z = 0$），則此一平板繞 z 軸旋轉的轉動慣量，恆等於它分別繞 x 軸跟 y 軸旋轉的兩個轉動慣量之和。這個證明不難，簡述如下：

$$I_x = \sum m_i(y_i^2 + z_i^2) = \sum m_i y_i^2$$

（由於 $z_i = 0$）。同理

$$I_y = \sum m_i(x_i^2 + z_i^2) = \sum m_i x_i^2$$

但是

$$I_z = \sum m_i(x_i^2 + y_i^2) = \sum m_i x_i^2 + \sum m_i y_i^2$$
$$= I_x + I_y$$

咱們且舉一個例子，一片矩形平板，全部質量爲 M，寬度爲 w，長度爲 L，穿過質心且垂直於平板之直線爲轉軸的轉動慣量爲

$$I = M(w^2 + L^2)/12$$

因爲繞著矩形平板的長邊旋轉的轉動慣量是 $Mw^2/12$，跟長度 w 的棍子一樣，而繞著矩形平板的短邊旋轉的轉動慣量是 $ML^2/12$，跟長度 L 的棍子相同。

現在我們做個總整理，若一物體以 z 軸爲轉軸，它的轉動慣量有以下性質：

(1) 轉動慣量等於

$$I_z = \sum_i m_i(x_i^2 + y_i^2) = \int (x^2 + y^2)\, dm$$

(2) 如果這件物體是由若干部分組成，且各部分的轉動慣量都已知，則只須把它們全加起來，就可得到整件物體的轉動慣量。

(3) 這件物體繞著任何轉軸旋轉的轉動慣量恆等於，繞著穿過質心且與其平行的軸的轉動慣量，加上物體總質量乘以平行軸到質心距離的平方。

(4) 如果這件物體是均質平板，垂直於平面的某直線爲轉軸的轉動慣量恆等於，平面上、彼此相互垂直且皆與該轉軸相交的兩直線爲轉軸，分別算出的兩個轉動慣量之和。

表 19-1 列出質量密度均勻、具基本形狀的物體的轉動慣量。某些其它物體的轉動慣量可以利用上述性質從表 19-1 推演出來，列在表 19-2 中。

表 19-1

物　體	z 軸	I_z
細長的棍子，長度為 L	與棍子垂直，穿過中點	$ML^2/12$
扁平的同心圓環，半徑為 r_1 與 r_2	與環面垂直，穿過圓心	$M(r_1^2 + r_2^2)/2$
球體，半徑為 r	穿過球心	$2Mr^2/5$

表 19-2

物　體	z 軸	I_z
矩形平板，邊長為 a 與 b	穿過中心且與 b 邊平行	$Ma^2/12$
矩形平板，邊長為 a 與 b	穿過中心且與矩形平板垂直	$M(a^2 + b^2)/12$
扁平同心圓環、半徑為 r_1 與 r_2	任一直徑	$M(r_1^2 + r_2^2)/4$
長方體，邊長為 a、b、c	穿過中心且與 c 邊平行	$M(a^2 + b^2)/12$
直圓柱體，半徑為 r、高為 L	穿過中心且與 L 邊平行	$Mr^2/2$
直圓柱體，半徑為 r、高為 L	穿過中心且與 L 邊垂直	$M(r^2/4 + L^2/12)$

19-4 轉動動能

現在讓我們進一步討論動力學。在第 18 章，我們討論直線運動跟角運動之間的類似情形時，曾運用了功的定理，但是未曾談到動能。剛體繞著某一轉軸，以角速度 ω 旋轉的動能是多少呢？我們利用前述的類似關係即可馬上猜出正確的答案。由於角運動的轉動慣量對應於直線運動的質量，而角速度對應於直線速度，那麼動能應該等於 $\frac{1}{2} I \omega^2$。

事實上的確如此，證明如下：假如一物體繞著某轉軸以角速度 ω 旋轉，物體的每一點顯然都有各自的速度，寫成 ωr_i，其中 r_i 是該特定點的轉動半徑，也就是離轉軸的距離。又如果 m_i 是該點的質量，則整件物體的動能就是各個小部分的動能之總和：

$$T = \tfrac{1}{2} \sum m_i v_i^2 = \tfrac{1}{2} \sum m_i (r_i \omega)^2$$

對物體中的每一點來說 ω^2 為定值。因此

$$T = \tfrac{1}{2}\omega^2 \sum m_i r_i^2 = \tfrac{1}{2}I\omega^2 \qquad (19.8)$$

在第 18 章的末尾，我們指出一個有趣的現象，就是非剛體從某個剛體狀態轉換成另一個剛體狀態，這過程中的變化。我們舉了一個人站在旋轉台上的例子，這人兩臂向外平伸具有轉動慣量 I_1，角速度 ω_1。把兩臂縮回去，他的轉動慣量變成了 I_2，角速度成了 ω_2，這是另一個「剛體」狀態。旋轉台垂直軸沒有承受力矩，所以角動量維持不變，$I_1\omega_1 = I_2\omega_2$。

那麼能量呢？這是個很有趣的問題。把雙臂收回時，轉動角速度會隨之加快，但是轉動慣量變小了。乍看之下動能似乎相同，事

實不然，維持不變的是 $I\omega$ ，而非 $I\omega^2$ 。所以如果我們比較前後動能，先前的轉動動能 T_1 為 $\frac{1}{2}I_1\omega_1^2 = \frac{1}{2}L\omega_1$ ，其中 $L = I_1\omega_1 = I_2\omega_2$ ，也就是角動量不變。同樣的道理，雙臂收回之後的動能 T_2 為 $\frac{1}{2}L\omega_2$ 。由於 $\omega_2 > \omega_1$ ， T_2 必然大於 T_1 。我們雙臂外伸旋轉時具有某個動能，雙臂收回時，不僅轉動速度增快，轉動動能也變大了！

　　能量守恆定理還成立嗎？必定是某人做了某些功的結果。我們的確有做功！有嗎？什麼時候？我們把物體水平移動時，是完全不做功的。舉著某件東西移向自己，我們並未做功。但那是在沒有旋轉的情形。物體旋轉時，受到了離心力，有朝外飛出去的傾向，所以我們要向內拉，抗拒離心力。因此，我們對抗離心力所做的功應該就是前後動能的差。事實也是如此，這就是額外動能的來源。

　　還有另一個有趣的特性，大家會有興趣，但我們在此只能簡單描述。這項性質其實之所以值得提出來，是因為它不但奇特，而且還衍生出許多有趣的效果。

　　再次來看旋轉台實驗，從旋轉者的觀點把身體跟雙臂分開來考量。雙臂收攏起來之後，整個物體都轉得快了一些。請注意看旋轉體的**中心部分**，它的重量分布在收攏前後**並沒有改變**，然而卻比先前轉得快一些。這時如果我們在身體的外圍劃上一個圓圈，只考慮圓圈內的所有物體，**這些物體**因為旋轉得較快，角動量**增加**。所以把雙臂收攏起來時，必然有個力矩加在身體上。這個力矩不可能是由離心力所造成的，因為離心力的方向為徑向。

　　可見轉動系統內的力不僅離心力而已，**另外還有一種力**，叫做**柯若利斯力**（Coriolis force）。此力有個非常奇特的性質，就是當我們在轉系統中移動物體時，感覺上它有側推力。跟離心力一樣，這種力彷彿是力，其實不是。如果我們生活在轉動系統裡，而且沿著徑向移動任何物體，我們發現，必須從側面推它，物體才能沿徑

向移動。這種必要的側面推力身體就是角速度變化的原因了。

現在讓我們演繹公式,來說明這項柯若利斯力究竟如何作用。假設老莫坐在旋轉木馬台上,在他看來旋轉台靜止不動,但是站在一旁地面上、且懂得力學定律的老喬看來,那個旋轉台的確是在轉動。假如我們事前在旋轉木馬台上,畫好了一條通過轉軸的徑向線,老莫正在沿著這條線,推動某件具有質量的物體。我們想要證明的是,在此情形下,老莫得從側面使力推該物體才行。

我們把注意力放在物體的角動量就可以證明。由於木馬台的轉速固定為 ω,所以該物體的角動量為

$$L = mv_{切線}r = m\omega r \cdot r = m\omega r^2$$

因此當物體靠近旋轉台中心時,它的角動量相對並不大,如果我們把它移動到離中心較遠的地點,也就是 r 值增大時,具有同樣 m 的物體,角動量 L 會增大得更快,要沿著半徑移動該物體,就得**加上一個力矩**(在轉動的木馬台上沿著半徑行走,身體必須朝一旁傾斜,下次試試看)。這個力矩應該等於 m 沿著半徑移動時,L 隨著時間的變化率,亦即

$$\tau = F_c r = \frac{dL}{dt} = \frac{d(m\omega r^2)}{dt} = 2m\omega r \frac{dr}{dt}$$

上式中的 F_c 就是柯若利斯力。這兒我們真正想知道的是,當老莫以速度 $v_r = dr/dt$ 沿著半徑向外移動質量 m 時,需要多大的力?就是 $F_c = \tau/r = 2m\omega v_r$。

現在我們有了柯若利斯力的公式,接下來讓我們把情況審視得更仔細一些,看看是否能從更基本的觀念裡,找出該力的來源。我們注意到,不管半徑多少,柯若利斯力都是一樣,甚至軸心點也有!物體在軸心點附近移動時,只要從站在一旁地面上老喬的慣性

系統觀點去看，可以很容易瞭解其中奧妙。圖 19-4 是質量 m 在 $t =$ 0 時通過轉軸的前後三個連續畫面。但由於木馬台在轉動，我們看到，物體的**運動軌跡是彎曲的**，且在 $r = 0$ 處與木馬台的某直徑線相切。要讓 m 走曲線，在絕對空間中必須有作用力使物體加速，而這個作用力就是柯若利斯力。

　　上述情形並不是柯若利斯力出現的唯一例子，我們還可以證明，當物體沿著旋轉木馬台之外圍圓周，以等速率移動時，也會產生柯若利斯力。為什麼呢？待在木馬台上的老莫看到該物體的移動速率為 v_M，然而站在地面上的老喬所見是 $v_J = v_M + \omega r$，因為物體 m 是在木馬台上。所以我們知道，物體實際上受到的向心力應該是來自速度 v_J，等於 $mv_J{}^2/r$，這是真實存在的力。不過從木馬台上老莫的觀點來看，此向心力有三項。我們可以把它們全寫出來如下：

$$F_r = -\frac{mv_J^2}{r} = -\frac{mv_M^2}{r} - 2mv_M\omega - m\omega^2 r$$

　　這兒，F_r 是老莫所看到的力。且讓我們試著瞭解一下。老莫可感受第一項嗎？「可以，」老莫會說：「即使我不在旋轉，只要

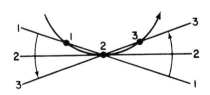

圖 19-4　正在轉動的旋轉台上某個點沿著徑向移動，在三個位置的連續軌跡圖。

我以 v_M 的速率繞著圓周跑,就會有向心力。」這向心力是他可以預期的,跟木馬台是否轉動沒有關係。此外,他很清楚在旋轉台上的靜止物體承受另一個向心力,就是上式中的第三項。

那麼剩下的第二項呢?仍是 $2m\omega v_M$,它就是柯若利斯力 F_c。所不同的是,速度方向爲徑向(沿著半徑或直徑)時,F_c 的方向爲切線方向,速度爲切線方向時,F_c 又變成徑向方向!這回 F_c 公式有個負號,表示它與其他兩項向心力方向一致,即無論物體在木馬台上的移動方向爲順時針或逆時針,F_c 方向固定背向轉軸。它跟速度的方向垂直、且大小爲 $2m\omega v_M$。

第20章

空間中的轉動

20-1　三維空間中的力矩

在這一章中，我們將討論力學中一項最令人驚訝及最有趣味的結果，那就是輪子在旋轉中所表現的行為。

在討論之前，我們必須先把曾經討論過的一些轉動數學公式，諸如角動量、力矩等法則，擴充到三維空間。我們將不會以最一般性的方式來**使用**這些方程式，也不會討論方程式的所有結果，因為這樣做得花上好幾年，而我們必須很快的往下談其他主題。在物理學入門課程中，我們只能點出基本定律，然後把它應用到一兩個特別有趣的情況。

首先我們注意到，就三維空間的轉動來說，無論轉動的物體是剛體或任何其他系統，前面二維空間裡所導出的關係式仍然適用。也就是說，$xF_y - yF_x$ 仍然是「xy 平面上」或者「繞 z 軸轉動」的力矩。而我們也發現，此力矩仍然等於 $xp_y - yp_x$ 的變化率，因為如果我們回頭去複習一下從牛頓定律導出(18.15)式的過程，就能瞭解我們沒有必要假設該運動只能局限在平面上，當我們把 $xp_y - yp_x$ 對時間微分，就得到 $xF_y - yF_x$，所以這項定理仍然適用。

那麼 $xp_y - yp_x$ 這個量，我們就稱為屬於 xy 平面、或是繞 z 軸轉動的角動量。既然上述這一點成立，我們可以依樣畫葫蘆，把它們推廣到任何其他一對座標軸上，而得到另一個方程式。例如說，我們可以使用 yz 平面，從對稱性我們很容易知道，如果以 y 取代 x，以 z 取代 y，就會得到物體的力矩為 $yF_z - zF_y$，角動量為 $yp_z - zp_y$。當然，在 zx 平面上，我們會得到 $zF_x - xF_z = (d/dt)(zp_x - xp_z)$。

對於單一粒子的運動來說，上面三個方程式可以推導出來是很清楚的事。此外，對於多個粒子的系統而言，我們如果把每個粒子

的 $xp_y - yp_x$ 都加起來，就可以得到 xy 平面上的總角動量，同樣的我們也可算出 yz 跟 zx 平面上的總角動量。然後把角動量換成力矩，就可以分別得到 xy、yz 跟 zx 三個平面上的力矩。因而我們得到一個定律，那就是隨附於任一平面的外力矩，等於隨附於該平面的角動量的變化率。這一切只是我們前面討論過的二維定律的推廣而已。

說到這裡，很可能有人會問：「但是三維空間內可有無數個平面，又豈只是這三個平面而已！難道我們不能另取一個跟這三個平面有些角度的平面，然後從同一個外力計算出它在該平面上的力矩跟角動量嗎？由於每次另取一個平面，我們必然會得到另外一組方程式。如此一來，方程式豈不是太多了！」

有趣的是，假如我們真的另取一個 $x'y'$ 平面，並量出平面上 x'、F_y 等值，然後算出相對於此平面的 $x'F_{y'} - y'F_{x'}$，會發現它可寫成相對於 xy、yz、zx 三平面的力矩的某種**組合**。換句話說，如果我們知道了某物體在 xy、yz、zx 三平面上的三個力矩，那麼它在任何平面上的力矩都可以寫成前述三個力矩的某種組合，例如百分之六的 xy 平面力矩，加上百分之九十二的 yz 平面力矩等等。相對應的角動量也是一樣。接下來我們要分析一下這個性質。

假如老喬選了一套 xyz 軸的座標系，並分別在他的三個座標平面上，計算出某件物體的力矩跟角動量。但是他的朋友老莫另外選了一套 $x'y'z'$ 軸，跟老喬的 xyz 軸方向有些不同。不過為了要讓問題變得單純一些，我們假設老莫只把老喬的 x 軸與 y 軸轉了角度，而沒動 z 軸，亦即雖然老莫的 x' 軸跟 y' 軸是新的，z' 軸則維持原樣，與 z 軸重疊。如此一來，老莫的三個座標平面裡，其實只有 $y'z'$ 跟 $z'x'$ 兩平面是新的。所以老莫必須計算出他的新力矩跟新角動量，例如 $x'y'$ 平面上的力矩為 $x'F_{y'} - y'F_{x'}$，等等。

　　現在我們要找出來的是新力矩與舊力矩之間的關係，這樣子就能將不同座標軸連繫起來。講到這兒，你也許會問：「這看起來挺眼熟的，不就是我們在講向量時做過的演算嗎？」的確，我們正打算要這麼做。於是你問道：「難道力矩不是向量嗎？」我們等一下會證明，它**的確**是向量，只是在還未完成分析之前，這麼下判斷還稍嫌早了一點。

　　以下就是我們要做的分析，我們的重點只在說明來龍去脈，所以將不討論每一步細節。老喬計算出來的力矩等於

$$\begin{aligned}
\tau_{xy} &= xF_y - yF_x \\
\tau_{yz} &= yF_z - zF_y \\
\tau_{zx} &= zF_x - xF_z
\end{aligned} \tag{20.1}$$

同時，老莫也計算出了自己座標系中的力矩：

注意方程式中的座標順序

　　我們在這裡要打個岔提醒大家，在這些例子中，如果我們沒有用正確的方式來處理座標，某些量就可能在無意中多出了一個負號來。譬如在寫了第一個方程式 $\tau_{xy} = xF_y - yF_x$ 之後，我們就不能把第二個方程式寫成 $\tau_{yz} = zF_y - yF_z$。

　　問題的根源在於座標系可以是「左手座標系」或「右手座標系」。在寫第一個方程式時，如 τ_{xy}，可以任選其中一種順序（正負號）。不過一旦寫好了第一個方程式，也就是選

$$\tau_{x'y'} = x'F_{y'} - y'F_{x'}$$
$$\tau_{y'z'} = y'F_{z'} - z'F_{y'} \qquad (20.2)$$
$$\tau_{z'x'} = z'F_{x'} - x'F_{z'}$$

由剛才的假設，我們知道兩個座標系僅只相差一個固定角度 θ 而已，z 軸跟 z' 軸重合（注意！這個 θ 角跟系統中轉動的物體或其他事物都毫不相干，它只是老喬跟老莫所選的座標軸之間的差異，所以應該是個定值）。因此這兩個座標系的座標之間，有如下關係：

$$x' = x \cos \theta + y \sin \theta$$
$$y' = y \cos \theta - x \sin \theta \qquad (20.3)$$
$$z' = z$$

定了系統形式之後，其他兩個方程式就必須遵照著既定的順序去替換 xyz 了。其間的順序，我們可以用「順時針」跟「逆時針」方向來代表：

或

由於力是向量，它在任何座標系中的各個軸上的分量，在轉換到另一個座標系中時，其前後分量之間的關係，必然得跟 x、y、z 與 x'、y'、z' 的變換關係一樣，因爲一個東西的分量必須如此，才稱得上是向量。因此力的分量也有如下的關係：

$$
\begin{aligned}
F_{x'} &= F_x \cos\theta + F_y \sin\theta \\
F_{y'} &= F_y \cos\theta - F_x \sin\theta \\
F_{z'} &= F_z
\end{aligned}
\tag{20.4}
$$

現在我們可將(20.3)式裡的 x'、y'、z' 跟(20.4)式裡的 $F_{x'}$、$F_{y'}$、$F_{z'}$，一起代入(20.2)式。譬如 $\tau_{x'y'}$ 展開來之初，有好多項，看起來很複雜，然而最後居然變成了 $xF_y - yF_x$，正好就是 xy 平面上的力矩：

$$
\begin{aligned}
\tau_{x'y'} &= (x\cos\theta + y\sin\theta)(F_y\cos\theta - F_x\sin\theta) \\
&\quad - (y\cos\theta - x\sin\theta)(F_x\cos\theta + F_y\sin\theta) \\
&= xF_y(\cos^2\theta + \sin^2\theta) - yF_x(\sin^2\theta + \cos^2\theta) \\
&\quad + xF_x(-\sin\theta\cos\theta + \sin\theta\cos\theta) \\
&\quad + yF_y(\sin\theta\cos\theta - \sin\theta\cos\theta) \\
&= xF_y - yF_x = \tau_{xy}
\end{aligned}
\tag{20.5}
$$

這個結果很容易理解，因爲我們如果只是把 x 跟 y 軸，在它們所構成的平面上移動了一個角度，繞著 z 軸轉了之後的平面仍會和以前一樣，因爲它是同一平面！所以 $\tau_{xy} = \tau_{x'y'}$。

比較有趣的是 $\tau_{y'z'}$ 的情況，因爲 $y'z'$ 可是新的平面，不同於原先的 yz 平面。我們同樣把(20.3)式裡的 x'、y'、z' 跟(20.4)式裡的 $F_{x'}$、$F_{y'}$、$F_{z'}$ 中用得上的部分，一起代入(20.2)式中的第二式：

$$
\begin{aligned}
\tau_{y'z'} &= (y\cos\theta - x\sin\theta)F_z \\
&\quad -z(F_y\cos\theta - F_x\sin\theta) \\
&= (yF_z - zF_y)\cos\theta + (zF_x - xF_z)\sin\theta \\
&= \tau_{yz}\cos\theta + \tau_{zx}\sin\theta
\end{aligned}
\tag{20.6}
$$

最後，我們求 $z'x'$ 平面上的力矩：

$$
\begin{aligned}
\tau_{z'x'} &= z(F_x\cos\theta + F_y\sin\theta) \\
&\quad -(x\cos\theta + y\sin\theta)F_z \\
&= (zF_x - xF_z)\cos\theta - (yF_z - zF_y)\sin\theta \\
&= \tau_{zx}\cos\theta - \tau_{yz}\sin\theta
\end{aligned}
\tag{20.7}
$$

以上這些運算的目的，是要找出以舊座標系的力矩來表示新座標系中力矩的法則。現在目的已達到了，那麼我們又如何記住這套法則呢？如果我們仔細查看上面的(20.5)、(20.6)、跟(20.7)三個式子，就可以發現這些方程式跟前述的 x、y、z 座標方程式，也就是(20.3) 式，之間有很密切的關係。所以，如果我們把 τ_{xy} 看作是某個東西的 z 分量，例如稱它為 τ 的 z 分量，寫成 τ_z，則(20.5)式就成了向量轉換式。由於這裡的座標轉換前後 z 軸未變，z 方向上的分量應該不會改變，(20.5)式正好就是如此。我們同樣可把 τ_{yz} 看作是新向量的 x 分量 τ_x，把 τ_{zx} 看作是 y 分量 τ_y，則這組轉換式變成了

$$
\begin{aligned}
\tau_{z'} &= \tau_z \\
\tau_{x'} &= \tau_x\cos\theta + \tau_y\sin\theta \\
\tau_{y'} &= \tau_y\cos\theta - \tau_x\sin\theta
\end{aligned}
\tag{20.8}
$$

這就是我們所要的向量法則！

所以我們證明了一件事情，那就是 $xF_y - yF_x$ 這個組合，可以跟某個發明出來的向量的 z 分量畫上等號。雖然力矩只是平面上的

轉動，並無**先驗的**（*a priori*）向量性質，但它在數學上的表現確實好像是一種向量。這個向量，方向跟轉動的平面呈直角，它的長度則跟轉動的強度成正比。這樣子一種量的三個分量在座標系改變時，轉換的方式跟真的向量完全一樣。

所以我們用向量來代表力矩。實際的做法是，對於任何一個有力矩作用的平面，我們可以依照上述的法則，想像它有一個隨附的向量，這向量垂直於該平面。不過法則中所謂「垂直於該平面」的向量的講法，並沒能把向量的方向完全定下來，因為可以有兩個方向的選擇（會影響正負號）。為了得到正確的正負號，而不至於在運算時發生混淆，我們必須選定一個方向法則來告訴我們，如果力矩在某個意義上是在 xy 平面上，則向「上」的 z 軸究竟應該如何定義。

也就是說，我們必須先選定何謂「左」與「右」。如果座標系 x、y、z 是右手座標系，那麼方向法則就是：如果我們將旋轉看成是轉動有「右旋螺紋」的螺絲，那麼由於旋轉而出現的轉動力矩向量 τ，其方向就是在螺絲前進的方向上。

為何力矩可以是向量呢？只能說是好運的奇蹟使然，由於我們可以讓一個平面有單一個隨附的轉軸，剛好使得我們可以利用該軸做為代表力矩的向量，這是三維空間中特有的性質。力矩在兩維空間裡只是尋常的純量，不需要有方向。但在三維空間，力矩就是向量。如果是在四維空間（譬如以時間 t 做為第四維），我們也很難以向量來代表力矩，因為除了 xy、yz、zx 三個平面之外，還會另有 tx、ty、tz 三個平面。加起來一共有**六個**座標平面，我們無法用一個四維向量來代表六個量。

長久以來，我們一直生活在三維空間之中，所以我們最好提醒自己，前面的數學運算跟 x 是位置、F 是力這些事實並無必要的關

係，而僅取決於向量的轉換定律。這意思是說，我們可以用其他向量的 x 分量，去取代方程式中的 x，並不會產生什麼差別。換句話說，如果 **a** 跟 **b** 是向量，而我們想要計算 $a_xb_y - a_yb_x$，並且把結果稱爲某個新的量 c 的 z 分量，則這些新的量就構成一個向量 **c**。我們需要一個數學記法，來表示這個新向量 **c** 及它的三個分量與原先的 **a** 向量跟 **b** 向量之間的關係。爲此而設計的記法就是 **c** = **a** × **b**。如此一來，在向量分析的理論裡，除了普通的純量積之外，我們多了一種新的乘積，稱爲**向量積**，也稱做外積（cross product）。因此如果我們寫下 **c** = **a** × **b**，就相當於寫出下面這三個式子：

$$c_x = a_yb_z - a_zb_y$$
$$c_y = a_zb_x - a_xb_z \qquad (20.9)$$
$$c_z = a_xb_y - a_yb_x$$

如果我們將 **a** 跟 **b** 的次序顛到，或者把 **a** 叫做 **b**、把 **b** 叫做 **a** 時，因爲 c_z 變成了 $b_xa_y - b_ya_x$，所以 **c** 的正負號也會跟著顛倒（即會多乘上一個負號）。所以向量積跟普通乘法不同，我們知道純量積跟次序無關，即 $ab = ba$；但向量積 **b** × **a** = － **a** × **b**。從這裡，我們可立即證明，如果 **a** = **b**，則它們的向量積等零，亦即 **a** × **a** = 0。

向量積對於表示轉動的特性非常重要，所以我們也極有必要去瞭解 **a**、**b**、**c** 三個向量之間的幾何關係。當然啦！上面所給的 (20.9) 式就是它們各分量之間的關係，而從這幾個式子，我們可以決定它們在幾何上的關係。答案就是，首先，**c** 向量會同時跟 **a** 與 **b** 兩個向量垂直（你不妨試試計算 **c** · **a** 及 **c** · **b**，看看結果是不是等於零）。其次，**c** 的大小等於 **a** 的大小乘以 **b** 的大小、再乘上後兩者之間夾角的正弦。那麼 **c** 的方向究竟該指向哪一端呢？想像我

們經由一個小於 180° 的角度，將 **a** 轉向 **b**，如果具有右旋螺紋的螺絲照此方向旋轉，那麼螺絲的行進方向就是 **c** 的方向。

事實上，我們之所以在此選用了**右**旋螺絲（或說是右手法則），而不是**左**旋螺絲，只不過是一項約定俗成的慣例。這項選擇也可以不斷提醒我們，如果 **a** 與 **b** 都是普通情況下的「眞實」向量，那麼這個經由 **a** × **b** 製造出來的新一類「向量」顯然是人爲的，性質上與 **a** 、 **b** 有些微不同，因爲 **c** 是由一個特殊的規則所製造出來的。

爲了突顯這點差異，我們特地把 **a** 與 **b** 這類正常的向量稱爲**極向量**（polar vector），這類向量的例子有座標 **r** 、力 **F** 、動量 **p** 、速度 **v** 、電場 **E** 等等，它們都是一般的極向量。至於定義中只牽涉到一次向量積的人爲向量，則稱爲**軸向量**（axial vector）或**準向量**（pseudovector）。我們在本章中討論的力矩 τ 跟角動量 **L** ，當然都是準向量的例子。以後我們會講到，角速度 ω 和磁場 **B** 也是。

若要概括向量的全部數學性質，我們應該知道向量的所有乘法規則，包括它們的點積跟外積。我們目前還不太需要用上這些規則，但是爲了完備起見，我們且在此寫下向量乘法的全部規則，以備日後之用：

$$
\begin{array}{rl}
\text{(a)} & \mathbf{a} \times (\mathbf{b} + \mathbf{c}) = \mathbf{a} \times \mathbf{b} + \mathbf{a} \times \mathbf{c} \\
\text{(b)} & (\alpha\mathbf{a}) \times \mathbf{b} = \alpha(\mathbf{a} \times \mathbf{b}) \\
\text{(c)} & \mathbf{a} \cdot (\mathbf{b} \times \mathbf{c}) = (\mathbf{a} \times \mathbf{b}) \cdot \mathbf{c} \\
\text{(d)} & \mathbf{a} \times (\mathbf{b} \times \mathbf{c}) = \mathbf{b}(\mathbf{a} \cdot \mathbf{c}) - \mathbf{c}(\mathbf{a} \cdot \mathbf{b}) \\
\text{(e)} & \mathbf{a} \times \mathbf{a} = 0 \\
\text{(f)} & \mathbf{a} \cdot (\mathbf{a} \times \mathbf{b}) = 0
\end{array}
\qquad (20.10)
$$

20-2　應用外積的轉動方程式

　　現在我們要問，物理學中有沒有用外積寫下來的方程式？答案當然是有很多方程式可以用外積來寫。譬如說，我們馬上可以舉出，力矩等於位置向量與力的外積：

$$\boldsymbol{\tau} = \mathbf{r} \times \mathbf{F} \qquad (20.11)$$

這個向量式代表了 $\tau_x = yF_z - zF_y$ 等三個方程式。根據同樣的道理，如果只有一個粒子，那麼它的角動量就是粒子跟原點之間的距離向量與動量向量的外積：

$$\mathbf{L} = \mathbf{r} \times \mathbf{p} \qquad (20.12)$$

　　對於三維空間中的轉動來說，有個動力學定律和牛頓的 $\mathbf{F} = d\mathbf{p}/dt$ 定律相類似，那就是力矩向量等於角動量的時間變化率：

$$\boldsymbol{\tau} = d\mathbf{L}/dt \qquad (20.13)$$

(20.13)式所描述的是單一粒子的力矩，如果我們面對的是由許多粒子組成的系統，對於每個粒子來說，則我們需要把(20.13)式加起來，那麼該系統的外力矩就是總角動量的變化率：

$$\boldsymbol{\tau}_{外} = d\mathbf{L}_{總}/dt \qquad (20.14)$$

　　由此我們可導出另一個定理：如果總外力矩為零，則系統的總角動量向量是固定的，此即所謂的**角動量守恆**律。任一系統若是沒有力矩對它作用，它的角動量不會改變。

　　那麼角速度又如何呢？它是向量嗎？我們曾經討論有關一個固

體繞著固定軸旋轉的種種，現在暫且假設我們讓物體同時繞著**兩根**軸旋轉。例如，物體可以在一口箱子裡面，繞著箱子中的一固定軸在轉動，而箱子本身又繞著另一根軸在旋轉。這樣的兩個運動組合所造成的淨效果，不過是此物體繞著另一根新軸轉動而已！

　　奇妙的是，這根新的軸可用下述方式計算出來。我們假設這兩個轉動中，有一個是在 xy 平面上的轉動，於是這個旋轉可以寫成 z 方向上的向量，此向量的長度等於在該平面的轉動速率。而另一個轉動假設剛好在 zx 平面上，因此代表它的向量就在 y 方向上。如果我們把這兩個向量加起來，得到的結果就是代表結合了兩個轉動的新向量，它的長度告訴了我們物體的轉動速率，而方向則決定了轉動平面。簡單的說，角速度**的確是**向量。轉動物體在三個座標平面上的旋轉速率，各自等於角速度向量在這些平面的垂直投影。*

　　角速度向量有一個簡單的應用：我們可以計算出力矩對剛體的功率。功率當然就是功的時間變化率，在三維空間中，功率 P 就等於 $\tau \cdot \omega$。

　　我們前面所寫出的所有平面轉動公式都可以推廣到三維空間中。比方說，如果有一個剛體以角速度 ω 繞著某根軸在旋轉，我們也許要問：「剛體中，某個徑向位置向量為 r 的點，它的速度為何？」我們把以下結果當作習題，留給你們去證明：剛體中一個粒子的速度為 $v = \omega \times r$，ω 是角速度，r 是粒子的位置。

*原注：我們只要把物體中各個粒子在無限短時間 Δt 內所做的位移加起來，就可以推導出這個結果。它並不是不證自明的，你們若是有興趣的話，不妨自己去試試看。

我們接著再看外積的另一個應用，那就是柯若利斯力（Coriolis force）的公式：$\mathbf{F}_c = 2m\mathbf{v} \times \omega$。也就是說，如果有一個粒子在某座標系內以速度 $\mathbf{v}$ 移動，而此座標系本身卻以角速度 ω 轉動，我們若是要以轉動座標系內的觀點，來考量這個粒子所受的力，則必須再加上這個假想力 $\mathbf{F}_c$。

20-3　陀螺儀

讓我們再回到角動量守恆律，我們可以用轉動得很快的飛輪或是陀螺儀（gyroscope）來示範這條定律，做法如下（見次頁的圖 20-1）。

如果我們坐在旋轉椅上不動，手裡握著正在旋轉的飛輪，並且讓它的轉軸方向成水平。由於飛輪繞著水平轉軸在旋轉，相對於水平轉軸當然帶有角動量，但是在垂直方向上則沒有角動量（旋轉椅沒有轉動）。假如旋轉椅的轉軸上完全沒有摩擦力存在，那麼我們把飛輪的轉軸從水平扳成垂直的前後，繞著**垂直**轉軸的角動量應該維持不變，之前是零，之後仍然會是零。

不過，單就飛輪本身來說，它的轉軸被扳成垂直之後，因為飛輪仍在轉動，它繞著垂直轉軸的角動量就不是零了。但是，就整個**系統**（包括飛輪、我們自己、旋轉椅）來說，因為沒有外力參與，總角動量**不能夠**有垂直分量，所以連人帶椅必須朝與飛輪轉向相反的方向旋轉，才能把飛輪的角動量完全抵消掉。

首先，讓我們更仔細分析剛才所說的，其中頗教人意想不到而我們必須追根究柢的是，當我們把陀螺儀的轉軸從水平轉變成垂直時，我們居然會連人帶椅開始轉動，這個推動人椅的力究竟是怎麼來的？

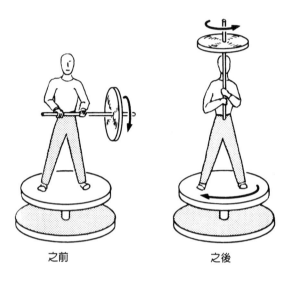

之前   之後

<u>圖 20-1</u>　之前：轉軸是水平的，因此繞垂直軸的角動量等於零。之後：
　　　　轉軸改為垂直，繞垂直軸的角動量仍然等於零，所以人跟轉椅
　　　　會朝著跟飛輪轉向相反的方向旋轉。

　　請看圖 20-2，圖中的飛輪繞 y 軸快速旋轉，因而它的角速度
繞著該軸，角動量也是如此（代表兩個向量都是順著 y 軸方向）。
現在假如我們希望讓這個飛輪以很小的角速度 Ω 繞 x 軸轉動，那
麼我們需要施怎樣的力呢？在很短的時間 Δt 之後，飛輪的轉軸轉
到了新的位置，跟水平面之間有一個很小的角度 $\Delta\theta$。由於系統中
的總角動量絕大部分是來自飛輪在軸上的轉動（只有極少部分屬於
輪軸的慢慢轉向），我們可以看得出來，角動量向量已經改變了。
那是怎樣的改變呢？角動量的**大小**顯然沒變，改變的是它的**方向**，
轉了小小的 $\Delta\theta$ 角度，也就是說 $\Delta \mathbf{L}$ 這個向量的大小是 $\Delta L = L_0 \Delta\theta$。那麼力矩呢？我們知道力矩是角動量的變化率，即 $\tau =$

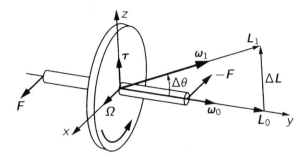

圖 20-2　陀螺儀

$\Delta L/\Delta t = L_0 \Delta\theta/\Delta t = L_0\Omega$。如果把此式子中各個量的方向都考慮進去，我們發現它們之間的關係為

$$\boldsymbol{\tau} = \boldsymbol{\Omega} \times \mathbf{L}_0 \qquad (20.15)$$

因此，如果像圖 20-2 中所示，$\boldsymbol{\Omega}$ 跟 L_0 兩個向量的方向都是水平的話，$\boldsymbol{\tau}$ 必然是在**垂直**方向上。為了要產生這樣的力矩，必須有兩個水平力 $\mathbf{F}$ 與 $-\mathbf{F}$ 加在飛輪轉軸的兩端。誰來施這兩個力呢？答案是我們抓住飛輪轉軸的雙手。在我們試圖把原先水平的轉軸扳向垂直方向的過程中，我們必須施這樣子的力。牛頓的第三定律要求，這時候大小相等、方向相反的力（以及大小相等、方向相反的**力矩**）也會施在**我們**上頭。這個反作用力使得我們繞著垂直的 z 軸反向旋轉。

我們可以把上述結果，推廣到快速旋轉的陀螺上。我們對旋轉陀螺都不陌生，作用於陀螺質心的重力，以陀螺與地面的接觸點為支點，形成了一個力矩（見圖 20-3）。這個力矩是在水平方向，使得陀螺的轉動軸，會繞著一條經過陀螺著地點的垂直線轉動，這就

是所謂的進動（precession），也就是陀螺轉軸會沿著一個倒立的圓
錐前進。如果 Ω 是進動的角速度（Ω 向量的方向是垂直的），我們
發現重力所施的力矩是

$$\tau = d\mathbf{L}/dt = \Omega \times \mathbf{L}_0$$

因此，當我們將力矩施於一個快速旋轉的陀螺時，陀螺進動的方向
會跟力矩的方向一致，也就是垂直於產生力矩的作用力。

現在我們可說已經瞭解了陀螺儀的進動現象，甚至已瞭解了當
中的數學關係。不過，基本上這是一項數學的結果，雖然就某個意
義而言，它看起來像是一項「奇蹟」。事實上，當我們愈來愈深入
探究物理學時就會發現，許多簡單的事物比較容易用數學去推導出
來，但是卻很難以基本或簡單的方式去理解。

這的確是個怪現象。在更深奧的物理學裡，有時候數學會導出
一些結果，但卻**沒有人**以任何直接的方式去真正的理解那些結果。

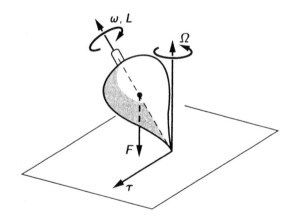

圖 20-3 快速旋轉的陀螺。請注意，它的進動方向就是力矩向量的方
向。

狄拉克方程式（Dirac equation）就是一個例子，它看上去非常簡潔漂亮，但是導出來的結果卻難以理解。就拿上面這個例子來說，陀螺的進動看起來，像是牽涉到了一些直角、圓周、轉動以及右旋螺絲等等的一個奇蹟。我們應該試著去做的是用更為物理的方式去理解它。

　　首先我們想要知道，如何以真實的力跟加速度去解釋力矩呢？我們注意到，當飛輪在進動時，輪子上的粒子並不是在一平面上轉動（見圖 20-4）。這跟我們在上一章中所解釋過的情形相同（見圖 19-4），繞著在進動的轉軸運動的粒子，所走的路徑是**彎曲的路徑**，所以我們需要從旁施上側向力。

　　這個力由我們抓著輪軸的手所提供，手推輪軸的力經過了輪輻，最後傳遞到邊上的粒子。講到這兒，也許有人會說：「且慢！這飛輪是個圓盤，對於上面的每一個粒子來說，在盤子的另一邊，不是都有一個與它對稱的粒子在往回走嗎？」我們不難發現，對面那個粒子上同樣受到力的作用，此力的大小跟這邊的粒子所受的相同，**方向**卻剛好**相反**，因此我們必須施加的總淨力等於零。不過，這一對**作用力**雖然相互抵消，但作用點並不相同，一個力施在飛輪的這一邊，而另一個力則施在飛輪的另一邊。當然我們可以直接施

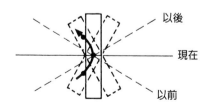

圖 20-4　圖 20-2 的旋轉飛輪中，粒子的運動情形。由於輪軸本身也在轉動的關係，粒子所走過的軌跡是一條曲線。

力在作用點上，但是由於飛輪是固體，力可以經過輪輻傳遞到飛輪的各處，因此我們可以去推輪軸就行了。

到此我們已經證明，如果自轉中的飛輪產生進動，它就有能力平衡掉重力或其他外力所造成的力矩。但我們所證明的其實是，這只是方程式的**一個**解而已。也就是說，我們證明了假如某個力矩已經存在，而如果我們也給了輪軸一個**適當的起始角速度**，那麼飛輪就會產生平穩且均勻的進動。然而我們並未證明，均勻的進動是旋轉物體在外來力矩作用下所表現出來的**最一般性**的運動（其實這本來就不正確）。一般而言，物體的運動還會牽涉到以平均進動路徑（mean precession）為中心的左右搖擺運動，這種搖擺動作稱為**章動**（nutation）。

一些人喜歡這麼說，當我們把力矩施加在旋轉中的陀螺儀上時，陀螺儀便一邊轉動、一邊進動，所以力矩**產生**了進動。正在旋轉的陀螺儀有個非常奇怪的行為，當我們突然把原先抓住輪軸一端的手鬆開時，飛輪不會像我們預期的那樣因為重力的作用**倒下來**，反而是朝著側面方向移過去！為什麼向下的重力（這是我們**知道**，也**感受**得到的力）居然會讓陀螺儀**橫著**運動呢？所有的公式，包括前述的(20.15)式，都不能告訴我們為何會這樣，因為(20.15)式是一個特殊的方程式，唯有在陀螺儀已經平順的進動之後才會成立。

其實真正發生的詳細情形是這樣的：如果我們當初用手抓穩了輪軸，那麼根本不可能發生進動（雖然飛輪在旋轉）。原因是，雖然重力可形成力矩，但被我們的手指抵消掉了，所以實際上並沒有力矩。但是如果我們的手突然鬆開，就馬上會有一個來自重力的力矩。任何腦筋正常的人都知道，飛輪應該會往下掉落，如果飛輪的自轉速度不是太快，我們可以看出來，一開始它的確是往下落的。

也就是說，該陀螺儀的確正如我們所料，鬆開之後是會往下掉

落的。只是當它一旦開始掉落，它的軸就開始向下。若要讓這個轉動持續，需要一個向下的力矩（因為角動量向量往下轉），也就是需要一個水平方向上的力。由於實際上這個力矩並不存在，於是陀螺儀開始「落向」這個被需要卻不存在之力的反方向。這個反應給了原本應該直直下落的陀螺儀一個繞垂直軸的運動分量，就像陀螺儀穩定進動時所具有的運動分量。但實際上，這樣子的運動會「超出」了維持穩定進動的所需速度，致使陀螺儀又回升到我們放開手時的原來高度。所以在理想情況下（即完全沒有摩擦力時），轉軸端點的路徑永遠是「圓滾線」（該曲線相當於汽車行駛時，卡在輪胎紋路中一顆小石子所走過的軌跡）。

　　通常而言，這種運動是很快的，肉眼會跟不上，而且陀螺儀架上的摩擦阻力所造成的阻尼減幅效果，會很快把該曲線「拉直」，使得上述不斷上下搖擺的章動，變成了平穩的進動（見圖 20-5）。如果我們飛輪的轉速低一些，章動則會相對的變得比較明顯。

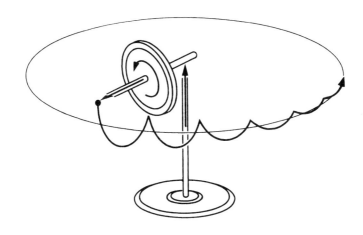

圖 20-5　重力作用下，陀螺儀的轉軸端點在剛鬆開之後的實際運動情形。

　　當陀螺儀的運動穩定下來之後，陀螺儀的轉軸端點高度，會比鬆手時要低一些，為什麼呢？（若要仔細分析起來，相當複雜，我們之所以要提出這個問題，是因為不希望讀者以為陀螺儀是個絕對的奇蹟。陀螺儀的確**是**很奇妙，但不是奇蹟。）如果在鬆手之前，我們讓陀螺儀的轉軸保持在水平方向，然後才突然放開手，那麼前面說過的簡單進動方程式告訴我們，陀螺儀就該產生進動，也就是轉軸會在水平平面上繞圈子！

　　但是這是不可能的！因為雖然我們以前將它忽略掉了，但是飛輪繞著進動轉軸的確仍有**一點點**轉動慣量，所以當飛輪繞著垂直的進動軸轉動時，它就帶有一個小小的角動量。可是在我們放開手之前，這繞著垂直軸的角動量並不存在，那麼它是怎麼來的呢？如果支點非常完美，即不會產生任何摩擦力，則就不會有力矩繞著垂直軸，那麼在角動量必須維持不變的情況下，陀螺儀**究竟**如何能夠進動呢？答案就是轉軸的自由端點會遵循前面所說的圓滾線前進。然而，由於事實上任何支點都不可能完美，或多或少都會有些摩擦力，後者所造成的阻尼減幅作用，讓圓滾線的半徑愈滾愈小，亦即路徑的起伏幅度愈來愈小，轉速也愈來愈平穩。後來軌跡變成了一個圓周，就像圖 20-5 所示，轉軸端點穩定下來之後的高度比鬆手時低了一些。

　　就因為飛輪的轉軸向下歪斜了一些，使得飛輪的旋轉角動量才有了一些垂直方向的分量，正好是進動所需的角動量。所以，陀螺儀必須向下垂一些，才能夠進動。陀螺儀必須對重力讓步，把轉軸降低一些，它才可以繞著垂直軸平穩轉動。這就是陀螺儀運作的道理。

20-4 固體的角動量

在我們離開三維空間轉動這個議題之前，我們起碼還要再定性的討論一下，發生在這種運動中幾個不很明顯的效應。

一個主要的效應是：一般而言，剛體的角動量方向**不必**跟它的角速度方向相同。讓我們考慮一個輪子，在安裝到輪軸上時裝歪了（即輪軸跟輪子的平面並不垂直），不過輪軸的確是穿過了該輪子的重心（見圖 20-6）。見過這種情形的人都知道，當我們讓輪子旋轉時，支撐輪軸的軸承會搖動，正因為輪子裝歪了。定性的講，我們知道在旋轉座標內，旋轉的輪子上有離心力在作用，盡可能的想把質量向外甩出去，離轉軸愈遠愈好。這導致了一個把輪子扳正（使輪軸跟輪子平面變垂直）的趨勢，而為了抗拒這項趨勢，軸承必須施出一個力矩。如果軸承發出力矩，則角動量變化率就必然不為零。

問題是，我們只是轉動一下這個裝歪了的輪子，怎麼可能就有角動量變化率出現呢？假設我們把角速度 ω 分解成兩個分量 ω_1 與

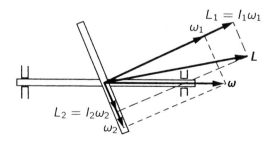

圖 20-6 轉動物體的角動量方向，不一定跟角速度方向相同。

ω_2，分別跟輪子平面垂直與平行，然後來瞧瞧，輪子的角動量是什麼？角動量分量等於轉動慣量乘以角速度分量，而繞這兩個方向軸的轉動慣量**不同**，以致於（在此兩個特殊方向上）兩個角動量分量的**比值**會**不同**於角速度分量的**比值**。所以，角動量向量的方向並**不是**沿著輪軸的方向。當我們轉動這個輪子的時候，角動量的方向必然會跟著改變，所以我們必然要對輪軸施以力矩。

轉動慣量有個非常重要的有趣性質，證明起來相當不簡單，但是卻易於描述跟應用，而這也正是我們剛才所做的那番分析的基礎。這個性質是這樣的：任何一個剛體，外形不拘，甚至長得像馬鈴薯那樣不規則的也不例外，都會有一組以質量中心爲交點、相互垂直的三根轉軸，使得繞著其中一根軸的轉動慣量值爲最大（比繞著穿過質心的任何其他一根軸的轉動慣量都還更大或相等），另一

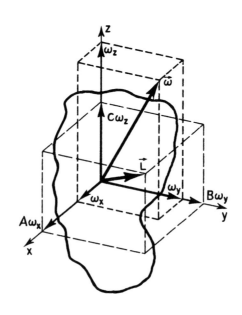

圖 20-7　剛體的角速度跟角動量（轉動慣量 $A > B > C$）。

根軸上的轉動慣量值為**最小**，第三根軸上的轉動慣量值介乎兩者之間（或者等於前兩者之一）我們稱這些軸為物體的**主軸**（principal axis）。這些主軸具有一個很重要的性質，那就是物體若繞著其中一根主軸旋轉時，它的角動量跟角速度必然方向相同。如果一個物體有對稱軸，它們主軸會在對稱軸上。

　　如果我們取一組主軸當作座標系的 x、y、z 軸，而把各軸所相對應的主轉動慣量分別稱為 A、B 跟 C，則我們可以很容易計算出轉動物體的角動量與轉動動能。設物體的角速度為 ω，我們把 ω 分解成沿著 x、y、z 軸上的分量 ω_x、ω_y、ω_z，然後利用同樣沿著 x、y、z 軸的單位向量 $\mathbf{i}$、$\mathbf{j}$、$\mathbf{k}$，就可以將物體的角動量表示如下：

$$\mathbf{L} = A\omega_x\mathbf{i} + B\omega_y\mathbf{j} + C\omega_z\mathbf{k} \qquad (20.16)$$

而轉動動能則是

$$\begin{aligned} 動能 &= \tfrac{1}{2}(A\omega_x^2 + B\omega_y^2 + C\omega_z^2) \qquad (20.17) \\ &= \tfrac{1}{2}\mathbf{L} \cdot \boldsymbol{\omega} \end{aligned}$$

第21章 諧振子

21-1　線性微分方程式

　　研習物理時，通常把課程劃分成一系列主題，諸如力學、電學、光學等等，學習完一個主題之後才開始另一個。例如，這門課到目前為止幾乎全跟力學有關。

　　不過有個奇怪現象不斷在重複：在物理學不同領域，甚至其他科學學門中的方程式，經常幾乎完全相同。這意謂了在這些不同領域中，許多現象彼此類似。舉一個最淺顯的例子，聲波的傳遞在許多方面都跟光波的傳遞類似。如果我們深入研究聲學，會發現所探討的內容許多都跟深入研究光學時所遇到的一模一樣。因此研究某個領域中的某些現象所得的知識，有可能延伸到另一領域。

　　最好一開始就要體認到，不同領域之間可能共通，否則無法理解，為何要花費這麼多時間跟精力闡釋力學中似乎無足輕重的枝微末節。

　　我們即將研討的諧振子（harmonic oscillator）在其他許多領域中有類比現象。我們從力學實例著手，吊著砝碼的彈簧、小幅度晃動的擺，或是其他力學裝置，其實研討的是某個**微分方程式**。這個方程式在物理學乃至其他科學一再出現，事實上，跟它有關的自然現象之多值得我們仔細推敲一番。

　　牽涉到這個方程式的自然現象很多：掛彈簧上的砝碼來回振盪；電路中電荷的振盪；發出聲波的音叉振動；原子中電子產生光波的相似振動；伺服系統的運作方程式，諸如恆溫器調節溫度；化學反應中複雜的交互作用；細菌菌落的生長與食物供應及本身所產生毒素的交互影響；食物鏈中狐狸吃兔子、兔子吃草……等等。這些不同的現象所遵行的方程式，彼此都非常相似，這就是為什麼我

們要詳細講解力學振子。

　　這些方程式稱爲**常係數線性微分方程式**。這種微分方程式是由好些個項相加，其中每一項是一個因變數對某一自變數的導數，再乘以某個常數。因此

$$a_n \, d^nx/dt^n + a_{n-1} \, d^{n-1}x/dt^{n-1} + \cdots + a_1 \, dx/dt + a_0x = f(t) \tag{21.1}$$

就叫做 n 階常係數線性微分方程式（其中每一個 a_i 都是定值）。

21-2　諧振子

　　遵照常係數線性微分方程式運作的力學系統中最簡單的，大概就是吊掛於彈簧的砝碼：彈簧受重力會伸長而達到平衡點。我們來看砝碼距此平衡點垂直位移如何變化（見圖 21-1）。我們定向上的位移爲 x，另外我們還得假設，彈簧完全符合線性，意思是說彈簧拉長產生的恢復力，正好跟拉長的長度成正比。

　　換句話說，這個力等於 $-kx$（前面有個負號，表示力跟位移的

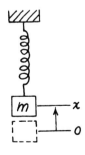

圖 21-1　彈簧吊掛砝碼：諧振子的簡單例子。

方向相反），因此質量乘以加速度必須等於 − kx：

$$m\,d^2x/dt^2\ =\ -kx \qquad (21.2)$$

爲了簡單起見，讓我們假設（或改變所用的時間單位），使得 k/m 比剛好等於 1，我們先探討

$$d^2x/dt^2\ =\ -x \qquad (21.3)$$

再回頭去考慮前一個含 k 跟 m 的(21.2)式。

　　我們介紹力學這個主題之初，曾經用數值方法仔細分析過 (21.3)式，也就是用(9.12)式算運動軌跡。數值積分方法讓我們找出了一條曲線（見圖 9-4），可以看出若是一開始把質量 m 放置在比平衡點略高，且未賦予任何初速，則質量會下落並穿過平衡點。當時我們知道，接下來質量會繼續上下來回**振盪**，但並未進一步追究。先前我們用數值方法分析出運動情形，得知該質量會在 $t = 1.570$ 時經過 O 點，而整個振盪週期正好是這段時間的 4 倍，也就是 $t_0 = 6.28$「秒」。當時我們對微積分所知有限，這是用數值方法求得的。

　　我們不妨想像學校裡的數學系提出一個函數，兩次微分之後，恰好等於自己再乘負號。（當然直接求出這個函數的方法很多，但是都很麻煩，姑且用現成答案吧。）這個函數就是 $x = \cos t$，如果把它微分，我們得到 $dx/dt = -\sin t$，以及 $d^2x/dt^2 = -\cos t = -x$。$t = 0$ 時，$x = 1$，且初速 $dx/dt = 0$，剛好跟我們用數值方法計算出來的初始情況吻合。現在我們知道了 $x = \cos t$，就可以**很精確的**計算質量通過 $x = 0$ 的時間，答案是 $t = \pi/2$，就是 1.57080。由於數值方法有誤差，跟精確值在最後一位有一些差距，但是兩者非常相近！

現在我們把原來的問題更精進探討，時間單位恢復成眞正的秒之後，這個式子的解又會是什麼呢？首先我們很可能以爲，讓 cos t 函數乘以某一個定値，就可以把 k 跟 m 這兩個常數擺回到式子裡面。所以我們用 $x = A \cos t$，連續兩次微分之後，$dx/dt = -A \sin t$，以及 $d^2x/dt^2 = -A \cos t = -x$，我們赫然發現，這樣做並沒有解出(21.2)式，得到的居然還是(21.3)式。

這個事實闡明了線性微分方程式有一項頂重要的性質：**假如我們把方程式的一組解乘以任一常數，它仍是這個方程式的解**。數學的理由很清楚。如果 x 是該函數之一解，而我們把等式的兩邊都乘以 A，就會發現微分得到的導數也都跟著乘以 A，因此 Ax 跟 x 都是原來方程式的解。

它的物理意義如下：吊在彈簧的砝碼（從平衡點）拉下來兩倍的長度，彈簧的拉力會變成兩倍，加速度也是兩倍，在任何特定時刻的速度也是兩倍，而一段時間內所走過的距離也是兩倍。但是本來就**必須**走過兩倍距離才能回到原點，因爲原先拉下來的位移就是兩倍。砝碼回到平衡點的**時間爲一定**，與它開始的位移無關。換句話說，同一線性方程式的所有運動，都具有相同的**時間模式**，跟它的運動「強度」無涉。

這個發現無濟於事。它只告訴我們，此解乘以任何數値後仍滿足原來那個方程式，而非另外的方程式。經過一番嘗試，把方程式中的 x 乘以不同的常數，我們發現必須更改時間的**尺度**。換言之，(21.2)式可能有一組解，其形式爲

$$x = \cos \omega_0 t \qquad (21.4)$$

（必須指出，上式中的 ω_0 並非轉動物體的角速度，我們不得不使用同樣的字母去代表不同的東西，因爲字母有限。）我們之所以在 ω

後加上了一個下標「0」，是因為接下來還會出現更多的 ω。讓我們記住，在這兒 ω_0 所指的是諧振子的自然運動。

現在我們試試(21.4)式，果然有所斬獲。因為 $dx/dt = -\omega_0 \sin \omega_0 t$，且 $d^2x/dt^2 = -\omega_0^2 \cos \omega_0 t = -\omega_0^2 x$，我們總算得到了想要的方程式解，何以見得呢？如果讓 $\omega_0^2 = k/m$，則 $d^2x/dt^2 = -\omega_0^2 x$ 就跟 (21.2)式一個樣了。

接下來我們必須探討 ω_0 的物理意義，我們知道餘弦函數以 2π 為週期重複循環，所以 $x = \cos \omega_0 t$ 所代表的運動也會隨著角度每增加 2π 即完成一個週期，不斷重複自己。 $\omega_0 t$ 所代表的數值稱為該運動的**相**（phase），為了要使得「相」改變達到 2π，時間上必須經過 t_0，因此 t_0 就叫做一次完整振盪的**週期**，用式子表示當然就是 $\omega_0 t_0 = 2\pi$。簡言之，如果時間 t 增加 t_0，「相」也就跟著增加 2π，所以

$$t_0 = 2\pi/\omega_0 = 2\pi\sqrt{m/k} \qquad (21.5)$$

從上式可看出，如果砝碼比較重（m 值較大），上下振動一次所需的時間會比較長，原因是砝碼慣性愈大，若作用力相同，要砝碼動起來費時較久。或者，如果彈簧的強度（即 k 值）較強，會振動得較快，因而週期變短。

請注意，這個彈簧上砝碼的振動週期跟它**如何**啟動，或彈簧拉多長無關，那麼這個**週期**在彈簧跟砝碼選定時就已經由(21.2)式決定了，但這個式子卻**無法**決定振盪的振幅。振幅**是**由砝碼位移跟放手時的情況來決定，稱為**初始條件**（initial condition）。

事實上，我們尚未找出(21.2)式的通解，的確還有別的解。原因很明顯，$x = a \cos \omega_0 t$ 所代表的運動只是具有初始位移（$x \neq 0$）且沒有初始速度的情形。例如我們可以讓砝碼從平衡點（$x = 0$）處

開始，然後在 $t = 0$ 的時刻踹它一腳，給它一個初始速度。這個例子不能用餘弦函數，必須用正弦函數來表示。

換個方式來看，即使 $x = \cos \omega_0 t$ 是解，我們在某個時刻走進房間（那個時刻是 $t = 0$），不見得會剛好看到砝碼通過 $x = 0$，而且持續照這公式運動。總而言之，$x = \cos \omega_0 t$ 並非最一般性的解，它應該允許調整初始時間。譬如我們可以把通解寫成 $x = a \cos \omega_0 (t - t_1)$，$t_1$ 可以是任何定值，來對應時間原點調到新時刻的情況。此外，我們可以展開下式：

$$\cos(\omega_0 t + \Delta) = \cos \omega_0 t \cos \Delta - \sin \omega_0 t \sin \Delta$$

寫成如下形式：

$$x = A \cos \omega_0 t + B \sin \omega_0 t$$

其中 $A = a \cos \Delta$，$B = -a \sin \Delta$。以上所提出的幾個形式都是(21.2)式的完整通解，這意思是說，一切能夠滿足微分方程式 $d^2x/dt^2 = -\omega_0^2 x$ 的解，可以寫成

$$
\begin{aligned}
\text{或} \quad &\text{(a)} \quad x = a \cos \omega_0 (t - t_1) \\
&\text{(b)} \quad x = a \cos(\omega_0 t + \Delta) \qquad (21.6) \\
\text{或} \quad &\text{(c)} \quad x = A \cos \omega_0 t + B \sin \omega_0 t
\end{aligned}
$$

(21.6)式中某些數量有特定名稱。例如 ω_0 稱為**角頻率**（angular frequency），是每秒內「相」改變的弧度，可以從微分方程式求得。其他的常數無法從微分方程式求得，而是跟運動的初始狀態有關。在這些常數裡，a 是砝碼能夠達成的最大位移，稱做振盪的**振幅**。Δ 這個常數有時稱為該振盪的**相**，但這樣的叫法可能會造成誤解，

原因是其他的人稱呼 $\omega_0 t + \Delta$ 為相，認為相隨著時間在變。不過，我們可以說 Δ 是從某基準點算起的**相移**（phase shift），換句話說。事實上，不同的 Δ 對應到不同相位的運動。至於我們是否要把 Δ 稱做「相」，則是另一回事。

21-3 諧運動與圓周運動

(21.2)式的解牽涉到餘弦函數，這件事間接指出，諧運動可能跟圓周有某種關係。當然這是人為的聯想，因為沿一直線的上下往復運動，並沒有圓圈牽連在內。

我們要指出，前面在研討圓周運動力學的時候，實際上已經得到了該微分方程式的解。如果有某個粒子沿著圓周以等速度 v 運動，則圓心到粒子的徑向量所掃過的角度大小跟時間成正比。如果我們把這個角度叫做 θ，則 $\theta = vt/R$（見圖 21-2），而 $d\theta/dt = \omega_0 = v/R$。我們知道的加速度 $a = v^2/R = \omega^2 R$，方向朝著圓心。我們也知道，在任何時刻，粒子位置的 x 值恆等於該圓半徑乘以 $\cos\theta$，而它的 y 值則等於半徑乘以 $\sin\theta$：

$$x = R\cos\theta, \qquad y = R\sin\theta$$

加速度呢？加速度的 x 分量 d^2x/dt^2 是多少？從幾何關係已經看出來，等於加速度大小乘以徑向量投射角 θ 的餘弦，再乘上負號，表示它指向圓心。

$$a_x = -a\cos\theta = -\omega^2 R\cos\theta = -\omega^2 x \qquad (21.7)$$

換言之，粒子做圓周運動時，該運動在水平方向的加速度分量，跟粒子水平位移成正比。當然啦！我們也有圓周運動方程式的解，那

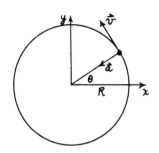

<u>圖 21-2</u>　以等速沿著圓周運動的一個粒子

就是 $x = R \cos \omega_0 t$。(21.7)式跟圓周的半徑無關,所以只要 ω_0 值不變,不論半徑多少,都是同一個加速度。

　　所以我們有若干理由來預期,吊掛於彈簧的砝碼位移會跟 $\cos \omega_0 t$ 成正比,而且,其位移就會跟某物體以角速度 ω_0 做圓周運動的位移 x 分量完全一樣。

　　為了求證,我們可以設計一個實驗來證明彈簧砝碼的上下運動,跟繞圓周的點相同。圖 21-3 用弧光燈把轉動的曲柄和垂直振盪的砝碼兩者的影子並排投射到銀幕。如果手放開砝碼的時間、位置拿捏合宜,曲柄轉動速度也調到相符,這兩個影子應該會動作一致。我們也可以拿先前的數值解去對照餘弦函數,看兩是否非常吻合。

　　此處我們要指出,由於上下振盪運動與等速圓周運動在數學關係如此密切,假如把前者想像是後者的投影,就可輕鬆分析前者。換言之,雖然振盪運動問題中 y 沒有意義,我們仍然可以給(21.2)式硬補上 y 的方程式,並使兩式聯立。如此一來,我們就能夠借用圓周運動來分析線性的振盪,這比直接解微分方程式要簡單得多。這樣做有個訣竅,就是要用到複數,我們將在下一章介紹。

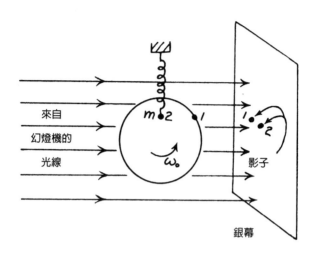

來自
幻燈機的
光線

m 2
1

1
2

影子

銀幕

<u>圖 21-3</u>　簡諧運動跟等速圓周運動之間等效性的證明

21-4　初始條件

　　接下來我們要看究竟是什麼因素在決定常數 A 跟 B，或 a 跟 Δ。當然取決於我們如何去啓動這個振盪。如果我們在一點點位移之後鬆手，這是一種振盪形式。如果我們拉砝碼造成位移之後，鬆手時還順勢向上推一把會得到另一種振盪形式。所以常數 A 跟 B，或 a 跟 Δ，不管用什麼符號來表達，都取決於運動開始時的情況，跟其他特性無關，這些情況叫做**初始條件**。

　　現在我們想要找到初始條件跟上述這些常數的關係。雖然 (21.6)式裡的三種形式都合用，但(21.6c)式最好用。假設在 $t = 0$ 時，砝碼有初始位移 x_0，以及初速 v_0，我們頂多只能設定這些條件（不能任意設定初始**加速度** a_0，因爲一旦設定 x_0，彈簧特性便

決定了 a_0。）我們來計算 A 跟 B，由 x 的方程式(21.6c)式著手：

$$x = A \cos \omega_0 t + B \sin \omega_0 t$$

由於待會兒我們將用得著速度，我們把 x 微分而得到

$$v = -\omega_0 A \sin \omega_0 t + \omega_0 B \cos \omega_0 t$$

以上兩個式子適用於任何 t 值，不過我們已經知道 $t = 0$ 的 x 跟 v，所以我們把 $t = 0$ 代進去，式子的左手邊就成了 x_0 跟 v_0，因為它們本來就是 $t = 0$ 的 x 值跟 v 值。另外我們知道，0 的餘弦是 1，而 0 的正弦是 0，所以

$$x_0 = A \cdot 1 + B \cdot 0 = A$$

以及

$$v_0 = -\omega_0 A \cdot 0 + \omega_0 B \cdot 1 = \omega_0 B$$

在此特殊情況下，我們求得

$$A = x_0, \qquad B = v_0/\omega_0$$

如果想要的話，我們可以從這 A 跟 B 的這組數值，輕易求得 a 跟 Δ 值。

以上就是我們所要的答案。不過還有一件值得檢驗的物理特性，就是能量守恆。由於振盪運動沒有摩擦損耗，所以能量應該守恆。我們用以下公式：

$$x = a \cos (\omega_0 t + \Delta)$$

則

$$v = -\omega_0 a \sin(\omega_0 t + \Delta)$$

我們來看位能 U 跟動能 T 各是多少。位能 U 在任何時刻都等於 $\frac{1}{2} kx^2$，其中 x 是位移，k 則是彈簧固有的常數。如果我們用前面的 x 展開式代入，可以得到

$$U = \tfrac{1}{2}kx^2 = \tfrac{1}{2}ka^2 \cos^2(\omega_0 t + \Delta)$$

當然位能並非定值，而且永遠不會變成負值，也就是說彈簧中總有一些能量，但是能量緊跟著 x 而起伏。至於系統裡的動能 T 則等於 $\frac{1}{2} mv^2$，把前面的 v 代入得到

$$T = \tfrac{1}{2}mv^2 = \tfrac{1}{2}m\omega_0^2 a^2 \sin^2(\omega_0 t + \Delta)$$

當 x 最大時，因為那時沒有速度，動能等於零。而在 $x = 0$（即通過平衡點）時，速度最快，動能達到最大值。動能的變化，恰巧跟位能的變化相反，互相消長。但是總能量應該是定值。我們回想起 $k = m\omega_0^2$，則

$$T + U = \tfrac{1}{2}m\omega_0^2 a^2 [\cos^2(\omega_0 t + \Delta) + \sin^2(\omega_0 t + \Delta)] = \tfrac{1}{2}m\omega_0^2 a^2$$

能量取決於振幅的平方。如果我們把振幅增大成為兩倍，該振盪的總能量就變成了原先的四倍。**平均**位能是最大位能值的一半，也是總能量的一半，平均動能亦然。

21-5　強制振盪

接下來，我們要討論**強制諧振子**（forced harmonic oscillator），意思是指有外力作用的諧振子。它的運動方程式變成了

$$m\,d^2x/dt^2 = -kx + F(t) \tag{21.8}$$

我們想知道在這樣的條件下，會發生什麼情況。這個外力可以是時間的各種函數。我們要分析的首例非常簡單，假設它是振盪外力，即

$$F(t) = F_0 \cos \omega t \tag{21.9}$$

請注意，上式中的 ω 不見得等於 ω_0，ω_0 的大小由我們控制，也就是外力可以有不同的頻率。我們嘗試用特殊力的(21.9)式，來求(21.8)式的解。有一個特別解爲（以後我們會討論通解）

$$x = C \cos \omega t \tag{21.10}$$

上式中有一個未定常數 C。

換言之，我們可能會以爲，只要持續推拉，砝碼就會跟著外力同步進退。不妨來檢視一下。把(21.10)式與(21.9)式代入(21.8)式，得到

$$-m\omega^2 C \cos \omega t = -m\omega_0^2 C \cos \omega t + F_0 \cos \omega t \tag{21.11}$$

我們也把 $k = m\,\omega_0^2$ 代進去，等一下就會更了解公式的意義。上式中每一項都有 $\cos \omega t$，可以通通除掉。這顯示了只要 C 選得恰當，(21.10)式是個解，但 C 必須等於

$$C = F_0/m(\omega_0^2 - \omega^2) \tag{21.12}$$

表示砝碼 m 會以外力的頻率振盪，但是它的振幅 C 不僅取決於該外力的頻率 ω，同時也受到振子的自然頻率 ω_0 的影響。就是說，首先，如果 ω 比 ω_0 小了許多，則位移方向會跟外力的方向相同。

另一方面，如果我們快速搖動 m ，ω 比諧振子的自然頻率 ω_0 高，(21.12)式告訴我們 C 為負值。而在 ω 非常高的情況下， C 的分母會變得很大，影響所及，振幅就變得微乎其微了。

當然要讓(21.10)式是一個特殊解，前提是運動的初始條件必須恰恰好，否則其中有部分過一陣子就消失，此部分稱爲對 $F(t)$ 的**暫態回應**（transient response），而(21.10)跟(21.12)合起來，叫做**穩定態回應**（steady-state response）。

根據我們的公式(21.12)式，應該會發生極其不尋常的事情，那就是當 ω 跟 ω_0 幾乎完全相等的時候， C 值應該趨近無限大。所以如果我們調整外力的頻率，使之與振子的固有頻率同步時，我們應該會得到極爲巨大的位移。任何推過小孩盪鞦韆的人，對此現象都不陌生。閉上眼睛、隨興的瞎推是不成的。推的時機抓對了，鞦韆便盪得半天高。若時機沒掌握好，該拉鞦韆的時候卻把它推了出去，**鞦韆**就盪不起來了！

如果 ω 跟 ω_0 完全相等，公式告訴我們，它應該以**無限大**的振幅振盪起來，當然這不可能。原因不是公式有問題，而是(21.8)式沒有考量眞實世界中的摩擦力或其他力。所以振幅達不到無限大總有理由可解釋，說不定彈簧已經先壞了。

第22章
代 數

22-1　加法與乘法

在我們研討振盪系統的時候，有機會用到一條數學中最了不起，令人讚嘆的一條公式，從物理學家的觀點來看，這條公式只需花費我們兩分鐘左右的時間去導出來，就此完事。但是科學除了實際用途之外，還供心智享受，兩者無分軒輊。與其只花幾分鐘欣賞，不如把它配上恰當的場景來細細品味，這個背景就是數學中亮麗奪目的分支，叫做初等代數。

也許有人會問：「物理課幹嘛講起數學來？」我們想到了幾個藉口，首先當然是數學是重要的工具，只是這個理由頂多值得花上兩分鐘去導公式。另一方面，從理論物理我們發現，所有定律都可以寫成數學的形式，呈現某種簡潔和美感。所以，歸根究柢，光是要瞭解自然，就有必要深入瞭解其中的數學關係。

然而真正的原因是數學樂趣無窮。雖然人類把自然劃分成許多領域，由而產生了種種科系跟科目，但是這種分野純屬人為，我們大可不分領域，盡情享受智性樂趣。

我們要在此時仔細研討代數，還有另外一個原因。雖然我們絕大多數在高中都已學過代數，不過那是我們生平首次接觸代數，方程式看起來陌生，念得很辛苦，跟現在修物理一樣。偶爾溫習當初所學，看看已經涉獵了哪些領域，盱衡人類知識的全貌，也是很愉快的。或許有朝一日，數學系的教書同仁也如此講授一堂力學課，讓學生體驗到學習物理的樂趣！

我們這堂代數課，不會完全遵照數學家的觀點來演繹，因為數學家在意的是如何證明各種不同的數學事實，有哪些假設是絕對必要的，哪些是多餘的。他們對證明出來的結果沒那麼在意。比方

說，我們都覺得畢氏定理滿有趣的，直角三角形的斜邊平方，恆等於其他兩邊平方之和。這個事實很有趣，又出奇的簡單，不必討論如何證明，或需要什麼公設，就可以欣賞它的奧祕。因此我們以同樣的精神，把初等代數系統做「定性的」描述。我們叫它**初等**代數（elementary algebra），原因是數學另有一個分支叫做**近世**代數（modern algebra），揚棄了諸如 $ab = ba$ 之類的基本規則，雖然它也叫做代數，卻不是我們要討論的。

我們對這個主題的討論要從「中段」開始。假設我們已經知道了整數是什麼、零又是什麼、把一個數增加一單位是什麼意思。你也許會說：「這哪是中段呀！」但是從數學的觀點這的確是中段，還可以往前追溯，去描述如何以集合論（theory of set）**推演出**整數的這些性質來。我們不打算朝著數學哲學跟數學邏輯的方向去鑽研，而是反其道而行，假設我們已經知道了什麼是整數，也知道如何計數。

如果我們以某個整數 a 開始，一個單位接一個單位的計數 b 次，得到的數字叫做 $a + b$，這就是整數**加法**的定義。

一旦我們定義了加法，接下來可以考慮：如果我們從空無所有開始，然後加上 a，連續加了 b 次，這就是整數**乘法**的定義，我們把它稱做「a **乘以** b」。

現在我們還可以來個連乘：如果從 1 開始，拿 a 去乘，連乘了 b 次，如此我們稱爲**冪次**或**乘冪**，a 的 b 次方寫作 a^b。

有了以上這幾個定義，我們可以很容易證明以下關係式全都成立：

(a) $a + b = b + a$ (b) $a + (b + c) = (a + b) + c$

(c) $ab = ba$ (d) $a(b + c) = ab + ac$

(e) $(ab)c = a(bc)$ (f) $(ab)^c = a^c b^c$

(g) $a^b a^c = a^{(b+c)}$ (h) $(a^b)^c = a^{(bc)}$ (22.1)

(i) $a + 0 = a$ (j) $a \cdot 1 = a$

(k) $a^1 = a$

這些關係式眾所周知，我們僅把它們列出來，不再贅述。當然 1 跟 0 有特殊的性質。譬如 $a + 0$ 等於 a、a 乘 1 等於 a、以及 a 的 1 次方等於 a。

在這裡的討論中，我們還必須假設某些其他的性質都已成立，諸如連續性（continuity）跟有序性（ordering），這些性質很難，留待嚴密的理論去解釋。此外，上面所列的關係式的確相當「浮濫」，其中某些其實可以由別的式子推演出來，但是我們姑且不去追究吧！

22-2　逆運算

除了上述的加法、乘法、乘冪等直接運算之外，我們還有**逆**運算（inverse operation），定義如下。假設 a 跟 c 為兩個已知整數，我們希望能找出能分別滿足方程式 $a + b = c$、$ab = c$、或 $b^a = c$ 的 b 值。如果是 $a + b = c$，b 定義為 $c - a$，這就是所謂的**減法**。稱做**除法**的運算也很明白：如果 $ab = c$，則 $b = c/a$ 就是除法的定義，是方程式 $ab = c$「反推」所得到的解。接下來，如果我們有個乘冪 $b^a = c$，然後反問：「b 是多少？」b 就叫做 c 的 a **次方根**，也就是 $b = \sqrt[a]{c}$。打個比方說，如果我們問自己：「哪個整數的三次方會

等於 8 呀？」答案是 8 的**立方根**，也就是 2。

由於 b^a 跟 a^b 並非相等，因此乘冪的的逆向問題有兩個，另一個問題就是：「2 的幾次方會等於 8 ？」這就是所謂的取**對數**。如果 $a^b = c$，那麼我們把答案寫成 $b = \log_a c$。這個符號雖然較複雜，並不表示它就不是一種基本運算，起碼在整數是如此。雖然對數在代數課程很後面才出現，然而在實際運用上，它跟開根號同樣簡單，只不過是解代數方程式的另一類方法而已。以下羅列代數的各種直接運算及其逆運算：

$$
\begin{array}{llll}
\text{(a)} & \text{加法} & \text{(a}') & \text{減法} \\
& a + b = c & & b = c - a \\
\text{(b)} & \text{乘法} & \text{(b}') & \text{除法} \\
& ab = c & & b = c/a \qquad (22.2) \\
\text{(c)} & \text{乘冪} & \text{(c}') & \text{開方} \\
& b^a = c & & b = \sqrt[a]{c} \\
\text{(d)} & \text{乘冪} & \text{(d}') & \text{對數} \\
& a^b = c & & b = \log_a c
\end{array}
$$

接下來我們有個想法：上述關係式或規則，是由加法、乘法、乘冪的定義來的，所以對整數都成立。**我們要探討，是否可以推廣 a、b 及 c 所代表的對象，而仍適用相同規則**，即使 $a + b$ 等運算過程無法直接用加 1 或整數連乘法來定義。

22-3 抽象與推廣

當我們嘗試用上述定義去解簡單的代數方程式，很快就遇到一些問題無解。舉例來說，假設我們想要解方程式 $b = 3 - 5$，根據我們的減法定義，必須要找出一個數加上 5 之後等於 3。然而我們只考慮正整數，當然**沒有**這個數，問題無解。

　　不過，我們有個遠大目標——**抽象與推廣**。從整個代數架構（包含規則以及整數）中，我們把原先加法和乘法的定義予以抽象化，只留下(22.1)和(22.2)的規則，並且假設，即使這些規則原先從某一小群數（整數）推衍而來，也可**廣泛**適用於其他種類的數。

　　比方說，僅套用規則，我們可以證明 $3 - 5 = 0 - 2$。事實上，只要先定義出一整套新的數：例如 $0 - 1$、$0 - 2$、$0 - 3$、$0 - 4$ 等等，叫做**負整數**。我們就可以證明**所有的**減法都有解。然後我們可以用所有的其他規則，諸如 $a(b + c) = ab + ac$ 等等，去探討負數乘法的規則會是如何，事實上我們會發現，正整數的規則到負數也都繼續成立。

　　由此我們把這些規則的適用對象擴大了，符號的意義也因此改變。

　　譬如，我們不能說，5 乘以 -2 的意思是把 5 連續加 -2 次，這樣說毫無意義。即使如此，只要遵循規則去做運算，一切都會很順利。

　　不過，在取乘冪時出現了一個有趣的問題。我們想知道 $a^{(3-5)}$ 代表什麼，我們只知道 $3 - 5$ 是 $(3 - 5) + 5 = 3$ 的解。由此式，我們推知 $a^{(3-5)}a^5 = a^3$，按除法的定義得到 $a^{(3-5)} = a^3/a^5$，進一步的運算還把它簡化成 $1/a^2$。我們發現負指數的乘冪剛好就是正指數的乘冪的倒數。但是 $1/a^2$ 到目前為止，還是個無意義的符號，因為無論 a 是正整數或負整數，a^2 都必然大於 1，而我們現在還不知道，「1 除以大於 1 的數」有什麼意義！

　　繼續前進！我們的遠大目標是不斷的推廣，每次遇到難解的問題時，就擴充數的範圍。比方說除法，3 除以 5，得不到整數解（正整數或負整數都不行）。但是，如果我們假設分數也滿足前面這些規則，就可以用分數去做加法跟乘法，這些規則應用起來跟以前

一樣順利。

再舉一個乘冪的例子：$a^{3/5}$ 等於多少？我們現在只知道$(3/5)5 = 3$，因為這就是 3/5 的定義。我們可用既有規則推知$(a^{(3/5)})^5 = a^{(3/5)(5)} = a^3$。然後依據開方的定義，我們得到 $a^{(3/5)} = \sqrt[5]{a^3}$。

如此一來，我們就可以用規則本身，不是隨意杜撰，來幫我們定義把分數代入各種符號的意義。說來頗叫人難以置信，所有規則不但適用於正整數跟負整數，用於分數也沒有問題！

讓我們繼續推廣。還有什麼不能解的方程式嗎？答案是肯定的。譬如說，$b = 2^{1/2} = \sqrt{2}$ 就是一個無法解的方程式。我們找不到一個平方剛好等於 2 的整數或有理數（即分數）。這個問題的答案在今天來說非常容易，因為我們有小數制，用無盡小數來做為 2 的平方根之近似值，也瞭解其中意義，毫無困難。但是這些觀念對古希臘人很難。

要去**精確**定義這些觀念，我們還必須加上（數的）連續性跟有序性，事實上這是整個推廣過程中最艱難的步驟。當初有賴德國數學家戴德金（Richard Dedekind, 1831-1916）正式而嚴謹的提出這個想法。然而我們不用拘泥於數學的嚴謹性，就很容易瞭解，只要用一系列的近似分數值，這些分數如假包換（因為小數如果只到某一位，當然就是個有理數），就愈來愈接近想要的結果。有了這個理念，我們就能處理無理數的問題，包括計算出 2 的平方根。只要肯花功夫，就可以算到想要的精確度。

22-4 無理數的近似

下一個問題是：如果乘冪的指數是無理數時，情況會怎樣呢？假設我們很想知道 $10^{\sqrt{2}}$ 是多少，原則上，答案並不難，只要我

們解 2 的平方根到小數點後幾位，便是一個有理數的**近似值**。再以此有理數做為指數，我們就可以計算得到 $10^{\sqrt{2}}$ 的一個近似值。如果我們可以在求 2 的平方根時，小數點後多取幾位（它仍然是有理數），可以用一個分數表示，只是該分數的分母變大了許多，然後以此做為指數，得到一個更好的近似值。當然這麼一來就會要開很高次方的根，相當困難。這問題該如何解決？

在計算平方根、立方根、及其他較低次方根，有某種算術程序可以一位接著一位的把小數位數求出來。但是計算無理數指數的乘冪以及相對應的對數（乘冪逆運算），工作量大到而且沒有簡單的算術捷徑可資運用。因此有人整理出數值表幫我們計算乘冪，視其編列方式，叫做對數表或乘冪表。它們的功用就是節省時間，我們有必要計算某些無理數指數時，可以快速查表代替實際計算。

誠然，這種計算不過是技術上的問題，但是問題本身相當有趣，而且很有歷史價值。首先我們不只是要解 $x = 10^{\sqrt{2}}$，還要解 $10^x = 2$，也就是 $x = \log_{10} 2$。這個問題的結果不需要我們去定義出一類新的數，它只是計算的問題。只是答案無非就是無理數，也就是無盡小數，而非一種新的數。

現在讓我們研究如何計算此類方程式的解，概念其實非常簡單。如果我們能夠計算出 10^1、$10^{4/10}$、$10^{1/100}$、$10^{4/1000}$……的值，把它們全乘到一塊，就可以得到 $10^{1.414\cdots}$，也就是 $10^{\sqrt{2}}$ 的結果了。這類計算通常就是援用這個想法。

不過我們不去計算 10^1、$10^{1/10}$ 等等，而是計算 $10^{1/2}$、$10^{1/4}$ 等等。開始之前，應該解釋一下，為什麼我們要選用 10 做為對數的底，而不用其他數字。當然我們知道對數表不只解決開方的數學問題。而且無論用什麼數字當底，下式恆成立：

$$\log_b (ac) = \log_b a + \log_b c \qquad (22.3)$$

我們都知道，如果手上有對數表，就可以用這式子作乘法，非常簡便。唯一的問題是該用什麼數做為底 b？其實沒差，只要我們始終遵循同樣原則，用的是同一特定底。我們發現不同底的對數之間，只差一個倍數，猶如我們把(22.3)式的兩邊，都乘以 61 之後仍然成立一樣。換言之，如果我們手邊有一份以 b 為底的對數表，某人把對數表上的每一個對數值都乘上 61，兩者並無不同。

假如我們有任何數以 b 為底的對數。這意思是說，無論 c 是多少，我們查表就能解方程式 $b^a = c$，而得到 a 值。現在問題是，如果把底從 b 改成了 x，則同一數 c 以 x 為底的對數又該是多少呢？換言之，我們要解的方程式變成了 $x^{a'} = c$。這不困難，既然 b 跟 x 已知，它們的關係可以寫成 $x = b^t$，由此可求得 t，$t = \log_b x$。我們可以把此關係式代入前式去解 a'，結果得到 $(b^t)^{a'} = b^{ta'} = c$。換言之，ta' 不正是 c 以 b 為底取對數，於是 $a' = a/t$。

這告訴我們，以 x 為底的對數，剛好等於以 b 為底的對數乘以 $1/t$。因此以不同數字為底的對數表，彼此之間，維持一個倍數的關係，而此倍數即是 $1/\log_b x$。讓我們可以選某個特定數字當作底，為了方便我們選擇 10。（也許有人會疑問：是否有個「自然的」底存在？用這個底，一切變得更簡單。我們稍後再找答案，目前暫時就用 10 當作底。）

現在讓我們看看如何計算對數。首先我們試著湊出一連串 10 的平方根，結果列在次頁的表 22-1 裡。表中的第一欄是 10 的次方 s，其結果 10^s 則列在第三欄。第一列就是 $10^1 = 10$，沒有問題。10 的 0.5 次方可以很容易求得，因為它就是 10 的平方根，有個很

簡單的程序可以計算任何數的平方根。* 利用這個方法,我們得到
10 的第一個平方根為 3.16228。這個數值有何用處呢?它透露了一
個訊息,告訴我們 $10^{0.5}$ 等於多少,我們因此知道了一個對數。如
果我們剛好需要知道 3.16228 的對數究竟是多少,我們確定答案一
定很接近 0.50000。

　　我們還需要更多的對數,更多的資訊。所以再開一次平方,找
出 $10^{1/4} = 1.77828$。我們多得到了一個對數。17.7828 的對數差不

表 22-1　10 連續開平方根

指數 s	1024 s	10^s	$(10^s - 1)/s$
1	1024	10.00000	9.00
1/2	512	3.16228	4.32
1/4	256	1.77828	3.113
1/8	128	1.33352	2.668
1/16	64	1.15478	2.476
1/32	32	1.074607	2.3874
1/64	16	1.036633	2.3445
1/128	8	1.018152	2.3234 211
1/256	4	1.0090350	2.3130 104
1/512	2	1.0045073	2.3077 53
1/1024	1	1.0022511	2.3051 26
			26 ↓
$\Delta/1024$ ($\Delta \to 0$)	Δ	$1 + 0.0022486\Delta \longleftarrow$	2.3025

---

*原注:計算任何數 N 的平方根有固定的算術程序,但最簡單的方法
如下:首先選擇一個相當接近答案的數值 a,求得 N/a,再求出平
均值 $a' = \dfrac{1}{2}[a + (N/a)]$,然後用 a' 做為下一個 a。此法收斂得非常
快,每作一次,有效數字的位數就會倍增。

多等於 1.250 。順便一提，如果有人問起 $10^{0.75}$ 是多少？我們馬上可以知道，因為它就是 $10^{(0.50+0.25)}$ ，所以答案應該是 $10^{0.50}$ 跟 $10^{0.25}$ 的乘積。

只要 s 欄填入夠多項目，就足夠組合成任何指數，再把第三欄中的相對數字相乘，就可以算出 10 的任何次方。這就是目的，因此我們把 10 連續開平方 10 次，用到的計算就是這些了。

為什麼我們不再繼續開平方呢？因為我們注意到，當 10 的乘冪非常小時，答案是 1 加上一個很小的量。原因很明顯， $10^{1/1000}$ 自乘 1000 次後，才能回復到 10 ，因此 $10^{1/1000}$ 的值不可能過大，必須很接近 1 。

我們注意到，每開一次平方， 1 後面這個很小的數就差不多減半（見表 22-1 的第三欄）。我們看到 1815 減半變成了 903 ，然後是 450 、 225 ，顯然如果我們再開一次平方，得到的 1.00112 是很好的近似值。我們就這樣**猜**出極限值，不必真正**求出**所有平方根。

我們讓 Δ/1024 的 Δ 趨近於零，而我們想知道的是：第三欄答案的零頭數應該等於多少？當然會很接近 0.0022511Δ 。但不會剛好等於 0.0022511Δ ，我們用以下技巧可以得到更好的值：先取尾數（原數減去 1 ），然後除以乘方 s 。這樣做應該能消除掉第三欄的數據中，比某個定值多出來的部分。我們看到第四欄的數據一開始不相等，但往下看，數值愈來愈接近某定值。這個定值是多少？我們注意到這些數字的走向，它們如何隨 s 變化。它們之間的落差依序為 211 、 104 、 53 、 26 ，顯然是以近似減半的方式在下降。所以如果我們繼續算下去，數據差距大致上會是 13 、 7 、 3 、 2 、 1 ，總和等於 26 。落差的和頂多也只能有 26 ，因此極限值為 2.3025 （事實上，以後我們會瞭解，正確極限值應該是 2.3026 ，但是為了逼真，我們的算術不做任何修改）。有了這個表，我們只要

表 22-2　對數 $\log_{10} 2$ 的計算

$2 \div 1.77828 = 1.124682$

$1.124682 \div 1.074607 = 1.046598$ 等等

$\therefore 2 = (1.77828)(1.074607)(1.036633)(1.0090350)(1.000573)$

$= 10^{\left[\frac{1}{1024}(256 + 32 + 16 + 4 + 0.254)\right]} = 10^{\left[\frac{308.254}{1024}\right]}$

$= 10^{0.30103} \qquad \left(\frac{573}{2249} = 0.254\right)$

$\therefore \log_{10} 2 = 0.30103$

把指數變成以 1024 為分母的分數，就能計算出 10 的任何次方的乘冪。

接下來我們來動手計算一個對數看看，我們要用的就是最初作出對數表的程序。步驟列在表 22-2 中，而其中所用的數據則是採自表 22-1（第二欄跟第三欄）。

假設我們想求 2 的對數，也就是想要知道 10 的多少次方為 2。我們能用 10 的 1/2 次乘方嗎？不行，太大了。換言之，我們知道，2 的對數必然介於 1/4 與 1/2 之間。讓我們把 $10^{1/4}$ 這個因子先拿出來：就是把 2 除以 1.77828，等於 1.124682。這時我們已經把對數結果裡的 1/4（也就是 256/1024）拿出來了，最後記得把它加回去。

現在我們來找 1.124682 的對數。根據表 22-1，我們選取比它稍小的 $10^{1/32}$（= 1.074607），把 1.124682 除以 1.074607，得到 1.046598。如此這般繼續下去，最後我們得到

$$2 = (1.77828)(1.074607)(1.036633)(1.0090350)(1.000573)$$

最後的(1.000573)因子，超過我們的表的範圍。為求得這個因子的對數，我們用先前的結果 $10^{\Delta/1024} \approx 1 + (2.3025)(\Delta/1024) = 1.000573$，也就是說，$\Delta = 573/2249 = 0.254$。因此 2 是 10 的這個乘冪：$(256 + 32 + 16 + 4 + 0.254)/1024$，也就是 308.254/1024 = 0.30103。由此我們可知 $\log_{10} 2 = 0.30103$，而它的準確性到達了小數點後第 5 位！

這正是當初英國哈立法克斯的數學家布里格斯（Henry Briggs, 1561-1630）在 1620 年發明的對數算法。他曾說：「我從 10 開始，一連開了 54 次平方。」如今我們知道，事實上他只計算出前面 27 次平方根，其餘的一半用了我們前面所說的 Δ 技巧。雖然他連續計算出 27 次的平方根，但就實用價值上來說，並不比我們的 10 次平方根有用得很多。布里格斯花了許多功夫，把每個數值都算到小數點後第 16 位，在發表時他只保留了小數點後 14 位，以避免四捨五入的誤差。

布里格斯用這個方法，做出了小數點後 14 位數字的對數表。花了很大功夫，其後三百年的對數表，不外都是「借用」了布里格斯的原始發明，只是小數點後的位數較短。一直到近代，美國政府的 WPA（Works Projects Administration）主導，搭配計算機，才有獨立計算的新對數表。如今已有人應用某些級數展開法，計算對數更有效率。

在以上計算過程中，我們發現一件事情相當有趣，如果乘冪指數 ϵ 非常小，10^ϵ 可以很容易計算出來，僅用數值分析，我們已經發現 $10^\epsilon = 1 + 2.3025\epsilon$。也就是當 n 非常小，$10^{n/2.3025} = 1 + n$。而且以任何一數為底的對數表，只是 10 為底的對數表再乘某固定

值。當初選用了 10 為底，原因不外是我們有 10 根手指頭，而且涉及的算術也還簡單。

但若想要尋求數學上的自然底，跟人類的手指頭數目扯不上關係的數，我們可試著以某種方便又自然的方式，更改對數的**尺度**。人們已經選擇以 10 為底的對數值，一概乘以 2.3025……，這就相當於改用了另一個數為底，而這個數叫做**自然**對數底（natural base），也就是 e。當 $n \to 0$，$\log_e (1 + n) \approx n$，或 $e^n \approx 1 + n$。

我們很容易計算出來：$e = 10^{1/2.3025}$ 或是 $10^{0.434294\cdots}$，後者乘冪指數是無理數。我們那個 10 的連續開平方表在此可以派上用場，不只計算對數，也可以算出 10 的任何次方，所以我們借用該表來計算自然對數底 e。為了方便起見，我們首先把 0.434294……轉變成了 444.73/1024，然後把它的分子 444.73 分解成 256 + 128 + 32 + 16 + 8 + 4 + 0.73。

由於 e 等於 $10^{(256 + 128 + 32 + 16 + 8 + 4 + 0.73)}$，它也就等於這七個 10 的乘冪之總乘積：

$$(1.77828)(1.33352)(1.074607)(1.036633)(1.018152)(1.009035)(1.001643)$$
$$= 2.7184$$

（唯一有點麻煩的是最後一項 $10^{0.73/1024}$，表上查不到。但是我們知道，只要 Δ 夠小，答案就是 $1 + 2.3025\Delta$。）這七個數的總乘積等於 2.7184（實際上應該是 2.7183，已經夠好了）。

借用同樣的方法，可以查表算出指數為無理數的乘冪，以及無理數的對數。本章節談無理數可以就此告一段落了。

22-5 複數

真沒想到，花了那麼大力氣，我們**仍然**不能解決所有方程式！比方說，假如我們必須求出 $x^2 = -1$ 的 x 值來，那 -1 的平方根究竟是什麼呢？然而到目前為止，我們**未能**在已知的有理數跟無理數的範圍內，找出某個數的平方等於 -1。我們必須再延伸數的範疇。

讓我們先假設方程式 $x^2 = -1$ 有某個特定解，我們同意把它叫做 i，i 的定義就是它的特性：平方等於 -1，如此而已。$x^2 = -1$ 當然應該有不只一個解，我們可以把它寫成 i，但是別人會說：「慢點！我喜歡 $-i$，我的 i 是你的 i 的負數！」你也不能說他不對，因為 i 的唯一定義是 $i^2 = -1$，所以在有 i 的方程式裡，如果我們把其中的 i 全以 $-i$ 取代，該方程式仍然成立。我們稱為取**共軛複數**（complex conjugate）。

現在我們要造出更多的這類數來，依照既有的計算規則來加減乘除，譬如，讓好幾個 i 相加，把 i 乘以其他的數，或加上別的數。我們發現這些數全都可用同一形式來表示，那就是 $p + iq$，其中的 p 跟 q 是我們所稱的**實數**（real number），也就是在此延伸之前所定義的數。而其中的 i 稱做**單位虛數**（unit imaginary number）。凡實數跟 i 的乘積叫做**純虛數**（pure imaginary）；只要是具有如 $p + iq$ 形式的一般數 a，就統稱為**複數**（complex number）。

複數運算並沒變得更複雜，譬如說，我們可以依舊按照一般的乘法規則，加上 $ii = i^2 = -1$，來求出 $(r + is)$ 與 $(p + iq)$ 兩個複數的乘積：

$$(r + is)(p + iq) = rp + r(iq) + (is)p + (is)(iq)$$
$$= rp + i(rq) + i(sp) + (ii)(sq) \quad (22.4)$$
$$= (rp - sq) + i(rq + sp)$$

因而所有合乎(22.1)規則的數，都可化成 $p + iq$ 這種數學形式。

　　討論到此，你也許會說：「這樣下去沒完沒了。我們定義了虛數的乘冪等等規則，一切弄妥之後，有人提出另一個我們無法解的諸如 $x^6 + 3x^2 = -2$ 方程式，我們又要再度推廣數的範疇。」好在只要**有了這個「−1 的平方根」**（即 i）的**新發明之後，每一個代數方程式都可解！**這個叫人難以置信的事實留給數學專家來證明。幾種證明方式都非常漂亮而且引人入勝，但絕非不證自明。

　　事實上，大家都以為需要不斷發明新東西，沒想到卻不必，真是始料未及。複數之後，不必再發明了。因為我們發現規則依然成立，甚至可以計算複數的複數次方，並且以有限的符號解出任何寫成代數形式的問題。我們不需要新數。比方說，i 的平方根有確定的解，並不是什麼新的東西，而 i^i 也同樣有解，接下來讓我們深入探討一番。

　　剛才我們已經討論過複數之間的乘法，加法也不難：如果要把 $(p + iq)$ 與 $(r + is)$ 兩個複數加起來，答案就是 $(p + r) + i(q + s)$。所以我們知道了複數的加法與乘法，但是真正的難題當然還是求**複數的複數次方**。我們發現這並不比求實數的複數次方更難，所以讓我們用心在計算 10 的複數次方，不只是無理數的次方，是 $10^{(r+is)}$。當然啦我們必須切實遵守(22.1)跟(22.2)裡的規則，因此

$$10^{(r+is)} = 10^r 10^{is} \quad (22.5)$$

其中的 10^r 我們知道怎樣計算，而兩個數之間的乘法當然也沒問

題，所以唯一有問題的部分是計算 10^{is}。

　　讓我們假設答案是個複數 $x + iy$。問題變成了：已知 s，求 x 與 y。現在如果下式成立：

$$10^{is} = x + iy$$

則此方程式的共軛複數也必然成立，亦即

$$10^{-is} = x - iy$$

（你瞧！在實際計算之前，運用計算規則，就可以消掉一些數。）做法是把上面這兩個共軛複數方程式相乘：

$$10^{is}10^{-is} = 10^0 = 1 = (x + iy)(x - iy) = x^2 + y^2 \quad (22.6)$$

因此只要找到 x，我們同時也得到了 y。

　　好了，現在我們的問題是**如何**去計算 10 的虛數次方。有什麼方向嗎？我們大可把所有規則全搬出來，一一試到沒輒為止。好在有個方向很可行，那就是只要找出一個特定解 s 來，就能找出其他的解了。一旦知道某個 s 的 10^{is} 值，$2s$ 的 10^{i2s} 解就是平方而已。

　　但是我們如何找到這個特定 s 的 10^{is} 值來呢？為了做到這一步，我們得加上一條假設，跟其他規則屬性不同，卻可以引導我們找到合理的答案，讓我們有所進展。當乘冪的指數很小，我們假設 $10^\epsilon = 1 + 2.3025\epsilon$ 這條「定律」可以適用，不只 ϵ 為實數時是如此，**即使 ϵ 是複數時也不例外**。因此，咱們可以假設這個定律在一般情況下都成立，然後得到當 $s \to 0$ 時，$10^{is} = 1 + 2.3025 \cdot is$。所以我們假定，如果 s 非常小，比方說 1024 分之 1，我們可以算出相當好的 10^{is} 近似值來。

由此我們可以整理出一個表來，用這個表，就能把 10 的**所有**虛數次方算出來，也就是計算出 x 跟 y。步驟如下：第一個指數，我們選擇了 $i/1024$，我們假定 $10^{i/1024}$ 非常接近 $1 + 2.3025(i/1024)$，即

$$10^{i/1024} = 1.00000 + 0.0022486i \tag{22.7}$$

把這個關係式連續自乘，就可以得到高虛數指數的乘冪。事實上，這個程序剛好跟製作對數表的程序相反。我們逐一計算出(22.7)式的平方、4 次方、8 次方⋯⋯等值，得到了表 22-3。我們注意到一個有趣的現象，那就是 x 在開始時為正數，慢慢遞減之後變成了負數。待會兒我們將稍加討論。

但是首先我們很好奇，想知道 s 等於什麼數字時，10^{is} 的實部等於**零**（即 $x = 0$），同時 y 會等於 1，因而使得 $10^{is} = i$，也就是 $is = \log_{10} i$。我們就把這當作例子，來說明如何使用表 22-3。按照先前計算 $\log_{10} 2$ 那樣，我們用這個表來計算 $\log_{10} i$。

表 22-3　$10^{i/1024} = 1 + 0.0022486i$ 的連續平方

指數 is	$1024s$	10^{is}
$i/1024$	1	$1.00000 + 0.00225i$*
$i/512$	2	$1.00000 + 0.00450i$
$i/256$	4	$0.99996 + 0.00900i$
$i/128$	8	$0.99984 + 0.01800i$
$i/64$	16	$0.99936 + 0.03599i$
$i/32$	32	$0.99742 + 0.07193i$
$i/16$	64	$0.98967 + 0.14349i$
$i/8$	128	$0.95885 + 0.28402i$
$i/4$	256	$0.83872 + 0.54467i$
$i/2$	512	$0.40679 + 0.91365i$
$i/1$	1024	$-0.66928 + 0.74332i$

＊ 應該是 $0.0022486i$

表 22-3 哪些數字相乘可以得到純虛數呢？經過嘗試錯誤，我們找出了能夠讓 x 變小最多的一對數字，即對應到第二欄是「512」乘以「128」，結果等於 $0.13056 + 0.99159i$。我們又發現，若要讓 x 變得更小，我們應該再乘上另一個數字，條件是其虛部的 y 需跟我們想除去的實數最為接近。因此我們選擇了表上的「64」，它的 y 值等於 0.14349，與 0.13056 最接近。我們得到的結果是 $-0.01308 + 1.00008i$。

減得太多了，還必須把它**除以** $0.99996 + 0.00900i$。這除法要怎麼做？（如果 $x^2 + y^2 = 1$ 成立就可以）把 i 部分前面的正號變成負號，再乘以 $0.99996 - 0.00900i$ 來。我們如此繼續微調下去，最後累計下來得到，要使得 $10^{is} = i$ 成立，它的指數 is 必須等於 $i(512 + 128 + 64 - 4 - 2 + 0.20)/1024$，亦即 $s = 698.20/1024 = 0.68226$，所以 $\log_{10} i = 0.68184i$。

22-6　虛指數

為了進一步觀察取複虛數乘冪這個主題，讓我們來瞧瞧 10 的**連續乘冪**，而不是取平方再平方，才能更瞭解表 22-3 的脈絡，並且探討那些負號的情況。次頁的表 22-4 列出 $10^{i/8}$ 連續乘冪的值。

我們看到 x 值（乘方的實部），先是逐漸減少，穿過了零，接著幾乎達到 -1（如果我們分析 $p = 10$ 跟 $p = 11$ 之間的 x，知道它顯然到過 -1），然後回頭。y 值也是來回擺盪。

次頁圖 22-1 上的各點分別代表表 22-4 各個數據，曲線幫助我們看得更清楚。我們看到 x 跟 y 來回振盪，使得 10^{is} 不斷的**重現**，原來這是一種**週期**現象。這不難解釋，假如某個乘冪為 i，那麼它的四次方會等於 i^2 的**平方**，再度回到了 $+1$。因此，由於 $10^{0.68i}$ 等於

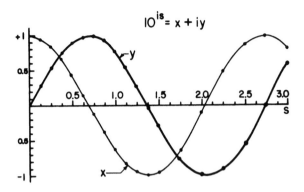

圖 22-1

表 22-4　$10^{i/8}$ 的連續乘冪

p = 指數 · $8/i$	$10^{ip/8}$
0	$1.00000 + 0.00000i$
1	$0.95882 + 0.28402i$
2	$0.83867 + 0.54465i$
3	$0.64944 + 0.76042i$
4	$0.40672 + 0.91356i$
5	$0.13050 + 0.99146i$
6	$-0.15647 + 0.98770i$
7	$-0.43055 + 0.90260i$
8	$-0.66917 + 0.74315i$
9	$-0.85268 + 0.52249i$
10	$-0.96596 + 0.25880i$
11	$-0.99969 - 0.02620i$
12	$-0.95104 - 0.30905i$
14	$-0.62928 - 0.77717i$
16	$-0.10447 - 0.99453i$
18	$+0.45454 - 0.89098i$
20	$+0.86648 - 0.49967i$
22	$+0.99884 + 0.05287i$
24	$+0.80890 + 0.58836i$

i，它的四次方 $10^{2.72i}$ 等於 +1。如果我們想要知道 $10^{3.00i}$ 等於多少，我們可以把它改寫成 $10^{2.72i}$ 乘以 $10^{0.28i}$，也就等於 $10^{0.28i}$。換言之，它有個週期，不斷重複。

當然我們一看就認出圖 22-1 的曲線跟正弦及餘弦函數的曲線一樣，我們暫時把它們叫做代數正弦及代數餘弦。不過，我們先把它的底 10，改成自然對數底，這樣做只會改變水平尺度而已。因此如果我們令 $2.3025s$ 等於 t，則 $10^{is} = e^{it}$（其中 t 為一實數）。於是 $e^{it} = x + iy$，而我們可以把這個式子改寫成 t 的代數正弦，加上 i 乘以 t 的代數餘弦，亦即

$$e^{it} = \underline{\cos}\ t + i\ \underline{\sin}\ t \tag{22.8}$$

那麼 $\underline{\cos}\ t$ 跟 $\underline{\sin}\ t$ 又具有哪些特性呢？首先，我們知道 $x^2 + y^2$ 必須等於 1，前面已經證明過，不管底是 e 還是 10 都成立，所以 $\underline{\cos}^2 t + \underline{\sin}^2 t = 1$。同時我們也知道，當 t 很小，$e^{it} = 1 + it$，也就是說，$\underline{\cos}\ t$ 幾乎等於 1，而 $\underline{\sin}\ t$ 幾乎等於 t。我們看到，以虛數做為乘冪指數時，**所得到的兩個函數跟三角學中的正弦與餘弦的種種性質不謀而合。**

它們的週期是否相同呢？讓我們來瞧瞧吧。e 的多少次方等於 i 呢？或以 e 為底，i 對數等於多少？先前我們已經計算過，在以 10 為底的情況下，i 的對數為 $0.68184i$。現在若要改變對數尺度，讓底從 10 變為 e，就必須乘以 2.3025，如此得到的結果為 $\log_e i = 1.570i$。1.570 這個數因而稱做「代數 $\pi/2$」，不過我們注意到，它跟我們平日熟悉的 $\pi/2$，在小數最後一位有一些差別，那是我們算術計算的誤差！我們純粹用代數方式，創造出兩個新的函數來，稱之為餘弦跟正弦，它們存在代數領域，別無所屬。到頭來我們恍然大悟，代數中發現的函數竟然在幾何學中已自然存在。所以代數跟

幾何之間終究有連貫！

　　總結以上討論，以下是數學上最了不起的公式：

$$e^{i\theta} = \cos\theta + i\sin\theta \qquad (22.9)$$

這就是本章一開始時所說的寶石。

　　我們可以把複數呈現在平面上，說明代數跟幾何的關係。水平位置為 x，垂直位置為 y（如圖 22-2），任何一個複數 $x + iy$ 在平面上都有相對應的點。此外，如果我們把徑向距離稱做 r，把夾角稱為 θ，那麼在代數上，$x + iy$ 可寫成 $r\,e^{i\theta}$ 的形式，圖中顯示出了 x、y、r 跟 θ 之間的幾何關係，也說明了代數跟幾何之間的統一。

　　本章開始時，我們僅只具備了整數與計數的基本概念，也完全不知道「抽象與推廣」的威力這麼大。憑藉整套代數「定律」（即數的各種性質）、(22.1)式，以及(22.2)式中所介紹的逆運算定義，我們居然不假外求，不只創造出一些數來，還整理出有用的對數

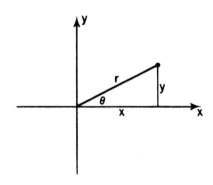

圖 22-2　$x + iy = re^{i\theta}$

表、乘冪表、跟三角函數（就是實數的虛數乘冪的內涵）。僅僅計算 10 的十個連續平方根，就有這麼多收穫！

I

第23章

共 振

23-1　複數與諧運動

本章中我們將繼續討論諧振子，特別是強制振子，並用新技巧予以分析。

在上一章裡，我們介紹了複數的觀念，實部跟虛部以座標圖來表示，縱座標代表複數的虛部，而橫座標則代表實部。如果 a 是一個複數，我們可以寫成 $a = a_r + ia_i$。下標 r 是指它代表複數 a 的實部，而 a_i 的下標 i 代表虛部。從圖 23-1 中，我們看到 a 也可以寫成 $a = x + iy$，或換個形式寫成 $x + iy = re^{i\theta}$，其中 $r^2 = x^2 + y^2 = (x + iy)(x - iy) = aa^*$。（$a^*$ 是 a 的共軛複數，就是把 a 中的 i 變號即得。）

如此一來，我們有兩種形式來表示複數，用實部加上虛部，或者某數量 r 跟所謂的相角 θ 來表示。如果 r 跟 θ 已知，則顯然 x 跟 y 分別等於 $r \cos \theta$ 與 $r \sin \theta$。反過來說，如果某複數寫成了 $x + iy$，則 $r = \sqrt{x^2 + y^2}$，且 $\tan \theta = y/x$，亦即虛部跟實部的比值。

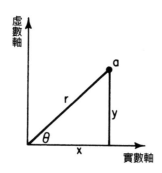

圖 23-1　任一複數都可以用「複數平面」上的一點來代表

接下來我們要施展妙招把複數應用到物理現象的分析。會振盪的東西，我們看過各種例子，其中有些振盪有驅動力等於某個定值乘以 $\cos \omega t$，即 $F = F_0 \cos \omega t$。由於 $e^{i\omega t} = \cos \omega t + i \sin \omega t$，我們可以把 F 寫成一個複數的實部，也就是 $F = F_0 e^{i\omega t}$。我們這麼做是因為指數函數比餘弦容易處理，我們的妙招就是把振盪函數以某複數函數的實部來代表。如此定義的複數 F 並非物理上真正的力，因為物理上的力不可能是複數；真實的力沒有虛部。雖然如此，我們仍然要討論 $F_0 e^{i\omega t}$ 這樣的「力」，當然真正的力只是這個表示法的**實部**而已。

舉另一個例子：假設我們要表示某個餘弦波的力，其相位延遲了 Δ，當然這就是複數 $F_0 e^{i(\omega t - \Delta)}$ 的實部。由於指數的特性，可以寫成 $e^{i(\omega t - \Delta)} = e^{i\omega t} e^{-i\Delta}$。我們瞭解指數的代數運算比起正弦跟餘弦的代數運算容易得多，這正是為什麼我們選用複數的動機。常用的寫法是

$$F = F_0 e^{-i\Delta} e^{i\omega t} = \hat{F} e^{i\omega t} \tag{23.1}$$

我們在 F 的上方加上一個（ˆ）符號，提醒自己它是複數，即

$$\hat{F} = F_0 e^{-i\Delta}$$

現在讓我們用複數來解方程式，看看是否可解實際問題。譬如說，讓我們試圖解以下方程式：

$$\frac{d^2 x}{dt^2} + \frac{kx}{m} = \frac{F}{m} = \frac{F_0}{m} \cos \omega t \tag{23.2}$$

上式中 F 是驅動振盪器的力，x 是位移。為了數學的目的，我們把

x 與 F 都當作是複數，雖然這樣似乎有些「牽強」。也就是說，x 有實部與乘以 i 的虛部，F 也同樣有實部與乘以 i 的虛部。如果 (23.2)式有某個具有複數形式的解，把該複數解代入方程式，得到

$$\frac{d^2(x_r + ix_i)}{dt^2} + \frac{k(x_r + ix_i)}{m} = \frac{F_r + iF_i}{m}$$

即

$$\frac{d^2 x_r}{dt^2} + \frac{kx_r}{m} + i\left(\frac{d^2 x_i}{dt^2} + \frac{kx_i}{m}\right) = \frac{F_r}{m} + \frac{iF_i}{m}$$

　　如果兩個複數相等，它們的實部必須相等，虛部也必須相等，我們由此推論：**位移 x 的實部必然會滿足由力 F 的實部所組成的方程式**。不過我們必須強調，如此把實部跟虛部劃分開來，**並非**任何方程式都適用，僅在**線性**方程式才成立，也就是說每一項的 x 只能是一次或零次乘冪。

　　比方說，如果方程式中有一項爲 λx^2。當我們以 $x_r + ix_i$ 取代 x 時，就得到 $\lambda(x_r + ix_i)^2$。接下來要把實部跟虛部分開時，實部等於 $\lambda(x_r^2 - x_i^2)$，虛部則是 $2i\lambda x_r x_i$。所以我們看到在式子展開之後，實部不只包括了 λx_r^2，還另外出現了 $-\lambda x_i^2$。代換之後的方程式已經變了，不再是我們原先要解的那個，原因是 x 的實部裡，混進了全然虛構的 x_i。

　　現在讓我們嘗試用這個新方法，來解先前已經解過的強制振子的問題。我們想要跟以前一樣解(23.2)式，但此處要解的是

$$\frac{d^2 x}{dt^2} + \frac{kx}{m} = \frac{\hat{F}e^{i\omega t}}{m} \tag{23.3}$$

其中 $\hat{F}e^{i\omega t}$ 是複數。當然解出來的 x 也是複數,但是要切記: x 的實部才是真正的解。我們先找(23.3)式在受強制外力的解,其他的解留待將來再討論。這個強制解其頻率與驅動力相同,並且有振幅以及「相」,因此它也可以用某個複數 $\hat{x}$ 來代表,其大小代表 x 的振幅,而它的相跟外力的相一樣,代表時間延遲。

指數函數有個特質很棒,就是 $d(\hat{x}e^{i\omega t})/dt = i\omega\hat{x}e^{i\omega t}$。把指數函數微分時,只需要把指數拿下來乘以原函數。第二次微分也一樣,再用 $i\omega$ 乘一次。馬上看出來,$\hat{x}$ 的方程式中,每微分一次,只需多乘 $i\omega$ 一次就行了。(微分變成了簡單容易的乘法。在線性微分方程式中使用指數的觀念,幾乎跟對數的發明一樣偉大,對數以加法取代乘法,這兒則是以乘法取代微分。)因此(23.3)式成為

$$(i\omega)^2\hat{x} + (k\hat{x}/m) = \hat{F}/m \qquad (23.4)$$

(共同因子 $e^{i\omega t}$ 已經消掉。)就是這麼簡單!一看到微分方程式就可轉成代數方程式,又因為$(i\omega)^2 = -\omega^2$。我們一眼就看出答案

$$\hat{x} = \frac{\hat{F}/m}{(k/m) - \omega^2}$$

用 $k/m = \omega_0^2$ 代換,此式進一步簡化為

$$\hat{x} = \hat{F}/m(\omega_0^2 - \omega^2) \qquad (23.5)$$

當然這就是我們以前的答案。因為 $m(\omega_0^2 - \omega^2)$為實數,$\hat{F}$ 跟 $\hat{x}$ 的相角相同(如果$\omega^2 > \omega_0^2$,它們相差 $180°$)。$\hat{x}$ 的大小代表振子的振幅,跟 $\hat{F}$ 的強弱的比例等於 $1/m(\omega_0^2 - \omega^2)$。當 ω 差不多等於 ω_0

時，這比值變得非常大。這告訴我們，如果頻率 ω 選得剛好，振子的振幅就會非常大。（如果我們握住擺線的一端，以適當的頻率去搖盪，可以把它盪得非常高。）

23-2　具阻尼的強制振子

以上用了簡潔的數學技巧來分析振盪運動。但是這類問題也可以用其他方法輕鬆解決，實在無法突顯數學技巧的精采之處。唯有透過困難的問題才能充分展現。我們現在就來考量加入某個真實特性，稍微困難的問題。

(23.5)式告訴我們，如果頻率 ω 正好跟頻率 ω_0 相等，我們會得到無限大的振幅，當然事實上並非如此。原因是還有些摩擦力等等，我們到目前為止一直忽略的因素，使振盪器的振幅受局限。所以讓我們在(23.2)式裡加上代表摩擦力的一項。

摩擦力的特性和複雜本質通常會讓問題變得非常棘手。不過，在許多情況之下，摩擦力**跟物體的運動速度成正比**，例如，物體在油或濃稠液體中慢速移動。如果物體靜止不動，摩擦力即等於零；它一旦移動起來，速度愈快，周圍的油必須以更快的速度與它擦身而過，阻力也就愈大。所以我們給(23.2)式加一項與速度成正比的阻力 $F_f = -c\, dx/dt$。為了方便數學分析，常數 c 設為 m 乘以 γ，跟前面我們用 $m\omega_0^2$ 取代常數 k 的作用一樣，目的是要簡化代數運算。於是，原來的方程式成了

$$m(d^2x/dt^2) + c(dx/dt) + kx = F \qquad (23.6)$$

把 c 跟 k 分別以 $m\gamma$ 跟 $m\omega^2$ 取代，然後等號兩邊都除以 m，則這

個式子可寫成

$$(d^2x/dt^2) + \gamma(dx/dt) + \omega_0^2 x = F/m \qquad (23.6a)$$

這個方程式已是最容易解的形式。如果 γ 非常小，表示摩擦力極小；反之，如果 γ 非常大，則摩擦力非常巨大。如何解這個新的線性微分方程呢？假設驅動力等於 $F_0 \cos(\omega t + \Delta)$，我們可以把它代入(23.6a)式試著求解，不過用的是我們的新方法。把 F 視為 $\hat{F}e^{i\omega t}$ 的實部，而 x 是 $\hat{x}e^{i\omega t}$ 的實部。其實用不著真正代入公式，觀察一下就知道上式會變成

$$[(i\omega)^2\hat{x} + \gamma(i\omega)\hat{x} + \omega_0^2\hat{x}]e^{i\omega t} = (\hat{F}/m)e^{i\omega t} \qquad (23.7)$$

（事實上，如果我們真的嘗試用老方法直接解(23.6a)式，就會深深體會到這個「複數」方法的厲害。）把上式的兩邊都除以 $e^{i\omega t}$，則可以得到振幅 $\hat{x}$ 對作用力 $\hat{F}$ 的回應：

$$\hat{x} = \hat{F}/m(\omega_0^2 - \omega^2 + i\gamma\omega) \qquad (23.8)$$

我們再次看到了，$\hat{x}$ 等於 $\hat{F}$ 乘以某個因子。這個因子並沒有專有名稱，也沒有特定的字母代號，為了方便討論起見，我們可以把這個因子稱為 R：

$$R = \frac{1}{m(\omega_0^2 - \omega^2 + i\gamma\omega)}$$

於是

$$\hat{x} = \hat{F}R \qquad (23.9)$$

（雖然字母 γ 跟 ω_0 經常使用，但這個 R 可沒有特殊的名稱。）此 R 因子可以寫成標準的複數形式 $p + iq$，或是某個量 ρ 乘以 $e^{i\theta}$。若是寫成後者，讓我們看它代表什麼。

在此，$\hat{F} = F_0 e^{i\Delta}$，實際的力 F 是 $F_0 e^{i\Delta} e^{i\omega t}$ 的實部，即 $F_0 \cos(\omega t + \Delta)$。其次，(23.9)式告訴我們 $\hat{x}$ 等於 $\hat{F}R$，所以把 R 寫作 $\rho e^{i\theta}$，我們得   到

$$\hat{x} = R\hat{F} = \rho e^{i\theta} F_0 e^{i\Delta} = \rho F_0 e^{i(\theta + \Delta)}$$

我們再往回推，即可看出具有物理意義的 x，也就是複數 $\hat{x}$ 的實部，等於 $\rho F_0 e^{i(\Delta + \theta)} e^{i\omega t}$ 的實部。但是 ρ 跟 F_0 都是實數，且 $e^{i(\Delta + \theta + \omega t)}$ 的實部就是 $\cos(\omega t + \Delta + \theta)$，因而

$$x = \rho F_0 \cos(\omega t + \Delta + \theta) \qquad (23.10)$$

由此可知，回應驅動力的振幅 x，等於驅動力 F 的大小乘以一個放大因子 ρ，此即振盪的「量」。不過上式也告訴我們，x 的振盪跟力 F 相位不同。力的相為 $\omega t + \Delta$，而 x 的相多了 θ。因此 ρ 跟 θ 分別代表了振幅反應的大小跟相移。

現在來計算 ρ 是多少。複數大小的平方等於該複數乘以共軛複數，所以

$$\rho^2 = \frac{1}{m^2(\omega_0^2 - \omega^2 + i\gamma\omega)(\omega_0^2 - \omega^2 - i\gamma\omega)}$$
$$= \frac{1}{m^2[(\omega^2 - \omega_0^2)^2 + \gamma^2\omega^2]} \qquad (23.11)$$

此外，我們只要寫出以下式子，就很容易得到相角 θ：

$$1/R = 1/\rho e^{i\theta} = (1/\rho)e^{-i\theta} = m(\omega_0^2 - \omega^2 + i\gamma\omega)$$

由而可得

$$\tan\theta = -\gamma\omega/(\omega_0^2 - \omega^2) \tag{23.12}$$

上式為負值是因為 $\tan(-\theta) = -\tan\theta$。對所有的 ω 來說，θ 都是負的，表示位移 x 的相永遠比驅動力 F 落後。

圖 23-2 顯示 ρ^2 為頻率 ω 的函數（在物理上 ρ^2 比 ρ 有意義，因為 ρ^2 跟振幅平方成正比，大致上跟力在振子中產生的**能量**成正比）。我們看出來，如果 γ 非常小，$\gamma^2\omega^2$ 可忽略，則 ρ^2 幾乎完全取決於 $1/(\omega_0^2 - \omega^2)^2$。因此當 ω 等於 ω_0 時，回應的振幅 x 會趨向無限大，但這個「無限大」並不會真的出現，因為即使 ω 等於 ω_0，$1/\gamma^2\omega^2$ 仍然還在。相移 θ 的變化如圖 23-3 所示。

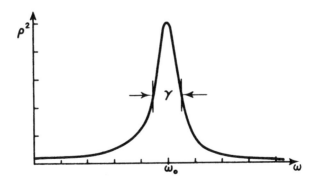

圖 23-2 ρ^2 對 ω 作圖

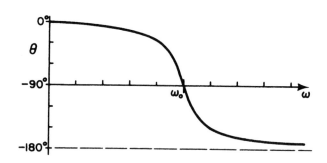

圖 23-3　θ 對 ω 作圖

　　在某些情況下，我們得到的式子跟叫做「共振」公式的(23.8)式稍許不同，就以為它代表另一種現象，其實不然。理由是如果 γ 非常小，該曲線在 $\omega = \omega_0$ 的附近的那一段最有意思。這兒我們可以用一個近似公式來取代(23.8)式，在 γ 非常小，且 ω 接近 ω_0 時非常正確。因為 $\omega_0^2 - \omega^2 = (\omega_0 - \omega)(\omega_0 + \omega)$，既然 ω 跟 ω_0 非常接近，差不多等於 $2\omega_0(\omega_0 - \omega)$，而 $\gamma\omega$ 也差不多等於 $\gamma\omega_0$。代入(23.8)式，可看出 $\omega_0^2 - \omega^2 + i\gamma\omega \approx 2\omega_0(\omega_0 - \omega + i\gamma/2)$，因此

$$\text{如果}\quad \gamma \ll \omega_0 \quad \text{且} \quad \omega \approx \omega_0$$

$$\hat{x} \approx \hat{F}/2m\omega_0(\omega_0 - \omega + i\gamma/2) \qquad (23.13)$$

很容易求出對應的 ρ^2 公式：

$$\rho^2 \approx 1/4m^2\omega_0^2 [(\omega_0 - \omega)^2 + \gamma^2/4]$$

　　以下留給同學去求證：如果 ρ^2 對 ω 的曲線最大高度稱做一單位，而在最大高度一半處的曲線寬度稱為 $\Delta\omega$，則只要 γ 不大，

$\Delta\omega = \gamma$。這說明當摩擦力的效果愈來愈小時，共振現象會愈加尖銳明顯。

有些人使用定義為 ω_0/γ 的 Q 值，做為此類曲線寬度的另一種度量。共振現象愈窄，Q 值愈大。譬如 $Q = 1000$ 的共振，是指曲線寬度僅只有頻率尺度的千分之一而已。圖 23-2 中，共振曲線的 Q 值等於 5。

共振現象之所以重要，是因為在許多情況下都會發生共振。本章以下的篇幅就來探討這些情況。

23-3　電共振

共振最簡單及最廣泛的專業應用是在電學方面。電的世界裡，有若干物件可連結成為電路，通常稱做**被動電路元件**（passive circuit element），分為三大類，不過每一類裡多少都摻雜了另外兩類的性質。

詳細描述這些元件之前，我們要謹記，彈簧的末端綁著質量做為力學振子的想法只是近似的描述。系統質量並不只局限於那塊「質量」而已，部分的質量是以彈簧慣量的形式存在。同樣的，系統中的彈力也不是都集中在「彈簧」上，那塊質量本身也具有少許的彈性。那塊質量雖然看起來像是**完全剛體**，事實不然，當它受到彈簧拉扯而上下振動時，多少都會有一點變形。

電學中也有類似的情形，用近似的觀念，我們把電路物件歸類為具有單純、理想特性的三種「電路元件」。現在尚非討論這個近似看法的適當時刻，我們假設它在這種情況下成立就好了。

這三種主要電路元件如下（見圖 23-4）。第一種稱為**電容器**（capacitor），例子之一是用絕緣物質隔開，但距離很近的兩片平行

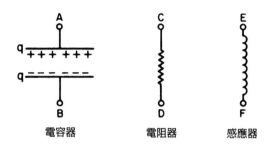

圖 23-4　三種被動電路元件

金屬板。當這兩平板充電時，產生某電壓差，也就是某電位差，跟圖中 A 、 B 兩端點之間的電位差相同，因為電線上任何兩點若電位不同，立刻就會產生電流，直到電位差消失為止。如果那兩片平板分別帶有電荷 $+q$ 跟 $-q$ ，它們之間就會有某電位差 V ，也有一定的電場，我們先前已經有電位差公式（見第 13 章跟第 14 章）：

$$V = \sigma d/\epsilon_0 = qd/\epsilon_0 A \qquad (23.14)$$

其中 d 是這兩塊平板之間的距離，而 A 則是平板的面積。

　　請注意，電位差是電荷的線性函數，如果絕緣電極不是平行金屬板，而是其他形狀，其電位差仍然與電荷成正比，只是比例常數不見得容易計算。總之，我們只需要知道：電容器兩極之間的電位差**跟電荷成正比，即** $V = q/C$ 。比例常數為 $1/C$ ，而 C 就是這個元件的**電容**（capacitance）。

　　第二種電路元件叫做**電阻器**（resistor），它有阻力阻礙電流的流動。金屬線跟其他物質都會阻礙電流的流動，方式如下：某件物質的兩個端點若有電位差，就會有電流 $I = dq/dt$ ，其跟電壓差成正比

$$V = RI = R \, dq/dt \qquad (23.15)$$

比例係數 R 叫做**電阻**（resistance）。你對此關係式或許早已瞭然於胸，它正是歐姆定律（Ohm's law）。

如果我們把電容器上的電荷 q 比喻為彈簧力學系統中的位移 x，我們看出來電流 $I = dq/dt$，跟力學系統中的速度 v 相當，而 $1/C$ 相當於彈性常數 k，R 相當於曳力係數 $c=m\gamma$。第三種電路元件更是有趣，它相當於彈簧末端的那塊**質量**！這種元件是線圈，電流通過時會產生磁場。磁場**變化**會在線圈上產生跟 dI/dt 成正比的電壓（事實上，這就是變壓器的原理）。因此磁場強度跟電流成正比，線圈（所謂）的感應電壓，又跟電流的變化率成正比：

$$V = L \, dI/dt = L \, d^2q/dt^2 \qquad (23.16)$$

上式中的 L 叫做**自感係數**（coefficient of self-inductance），相當於力學振盪電路中的質量。

假設我們把上述這三種電路元件串聯成電路（見圖 23-5），那麼把某電荷從端點 1，經過整條電路，運送到端點 2 所做的功，等於這兩點之間的電壓。這電壓包括沿電路經過各元件的三段電壓：

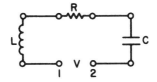

圖 23-5　由電阻、電感、電容組成的振盪電路

即經過感應器的 $V_L = L\, d^2q/dt^2$，經過電阻器的電壓 $V_R = R\, dq/dt$，以及經過電容器的 $V_C = q/C$。三者的和就是外加電壓 V：

$$L\, d^2q/dt^2 \;+\; R\, dq/dt \;+\; q/C \;=\; V(t). \qquad (23.17)$$

現在我們看到，這個方程式跟力學方程式(23.6)完全雷同，當然可以使用同樣的方法來解。假設 $V(t)$ 具振盪性質，意即我們使用純正弦波振盪的發電機來驅動此電路。我們也可以把 $V(t)$ 寫成複數 $\hat{V}$，我們也瞭解，真正的 V 值是該複數的實部。

同樣的，電荷 q 也可以如此分析，完全仿照(23.8)式，寫出所對應的方程式來：即是把 $\hat{q}$ 的二階導數寫成 $(i\omega)^2\hat{q}$，而其一階導數寫成 $(i\omega)\hat{q}$，於是(23.17)式搖身一變成了

$$\left[L(i\omega)^2 \;+\; R(i\omega) \;+\; \frac{1}{C} \right]\hat{q} \;=\; \hat{V}$$

即

$$\hat{q} \;=\; \frac{\hat{V}}{L(i\omega)^2 \;+\; R(i\omega) \;+\; \dfrac{1}{C}}$$

我們還可以寫成

$$\hat{q} \;=\; \hat{V}/L(\omega_0^2 \;-\; \omega^2 \;+\; i\gamma\omega) \qquad (23.18)$$

其中，$\omega^2 = 1/LC$ 及 $\gamma = R/L$。這分母跟力學情況的分母完全相同，兩者的共振性質完全相同！

電學跟力學對應項目列在表 23-1。

在此我們必須指出一個技術上的小插曲：電學文獻中用的是另一套符號（同一主題在不同領域中實際上沒有差異，但符號卻經常

表 23-1

一般特性	力學性質	電學性質
自變數	時間 (t)	時間 (t)
因變數	位置 (x)	電荷 (q)
慣量	質量 (m)	電感 (L)
阻力	曳力係數 ($c = \gamma m$)	電阻 ($R = \gamma L$)
堅度	堅度常數 (k)	(電容)$^{-1}$（$1/C$)
共振頻率	$\omega_0^2 = k/m$	$\omega_0^2 = 1/LC$
週期	$t_0 = 2\pi\sqrt{m/k}$	$t_0 = 2\pi\sqrt{LC}$
優值	$Q = \omega_0/\gamma$	$Q = \omega_0 L/R$

各異）。首先，電機工程界通常用 j 來表示 $\sqrt{-1}$，而不用 i（因為 i 必須用來代表電流）。其次，工程師寧可探討 $\hat{V}$ 跟 $\hat{I}$ 之間的關係，而不是 $\hat{V}$ 跟 $\hat{q}$ 之間的關係式。純粹習慣使然。因此，由於 $\hat{I} = d\hat{q}/dt = i\omega\hat{q}$，我們可以用 $\hat{I}/i\omega$ 去取代方程式中的 $\hat{q}$，而得到

$$\hat{V} = (i\omega L + R + 1/i\omega C)\hat{I} = \hat{Z}\hat{I} \qquad (23.19)$$

為了讓電機工程師看得習慣，我們常看到(23.17)式寫成

$$L\,dI/dt + RI + (1/C)\int^t I\,dt = V(t) \qquad (23.20)$$

總之，我們看出電壓 $\hat{V}$ 跟電流 $\hat{I}$ 之間的關係式(23.19)，就是(23.18)式除以 $i\omega$。$(R + i\omega L + 1/i\omega C)$ 這個量是一個複數，由於在電機工程學中經常使用而有名稱，叫做**複數阻抗**（complex impedance），以 $\hat{Z}$ 表示。因此我們才可以把(23.19)式簡化成 $\hat{V} = \hat{Z}\hat{I}$。

　　電機工程師喜歡這麼作的原因是，當年他們剛開始只懂得電阻跟直流電的時候，學到過電阻公式 $V = RI$。現在學識更為淵博，還學

了交流電路,仍然希望相對應的公式看起來依舊,所以寫下了$\hat{V} = \hat{Z}\hat{I}$,跟原先唯一的不同是,用複雜的複數量取代了電阻。電機工程師堅決不用全世界其他人都在使用的 i 去表示虛數,偏要用 j。他們當初居然沒有堅持把 Z 寫成 R,還真是奇蹟!(然而他們探討電流密度時又用了 j 來代表,又碰到麻煩。科學之種種困難,有極大部分並非來自自然,而是肇源於各種符號、單位、以及其他人爲訂下的規矩。)

23-4 自然界的共振

上一節裡,我們把電學中的共振詳細解說了一番,我們大可以把其他領域的共振例子一一討論,以說明共振方程式全是一個樣。在自然界有許多情況是物體在「振盪」,也發生共振。我們在稍早的章節中曾提過,現在就來證明。

如果我們到書房隨手從書架上抽出幾本書瀏覽,尋找類似圖23-2 且來自相同方程式的曲線。結果會如何?即使取樣的範圍很小,只要翻閱五、六本書,就可找到一堆共振的例子,可見自然界共振現象很普遍。

首先有兩個例子來自力學,頭一個是極大尺度的現象 —— 整個地球的大氣。我們假設大氣在所有方向都均勻的包圍地球。一旦受到月球引力的拉扯,向著月球和背著月球的兩側的大氣會漲高,像橢圓球形,即所謂的雙潮(double tide)現象。

如果月球的引力陡然消失,雙潮就會開始下落,整個大氣成了上下起伏,由月球**驅動**的振子。月球繞地球運行,力的任一分量(譬如 x 方向的分量)都有餘弦函數的成分,因此地球大氣對月球引力的回應,就是一種振子。

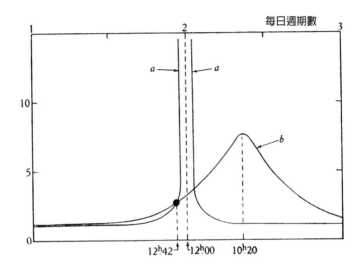

圖 23-6　大氣對外來刺激的回應。如果大氣的 S_2 潮汐來自重力，則應該
出現的回應是曲線 a，峰值放大率為 100 ：1 。曲線 b 是由觀
測 M_2 潮的大小與相所得的結果。

(Munk and MacDonald, "*Rotation of the Earth*," Cambridge
University Press (1960))

圖 23-6 中的 b 曲線即是大氣振盪的理論預期反應（曲線 a 是
該圖出處的那本書討論的另一條理論曲線）。有人會以為，在這共
振曲線上我們只能確知一個點，因為月球繞地球只有一個頻率，就
是對應於每週期 12.42 小時的頻率。 12 個小時是地球大氣雙潮的
週期，再加一點月球繞地球的時間。但是從大氣漲落的**大小**、從它
的**相**、與延遲的量，我們可以得到 ρ 跟 θ，從而算出 ω_0 跟 γ，就
可以畫出整條曲線來！

這個例子是非常彆腳的科學論述：我們從兩個數字得到另外兩

個數字，從而畫出一條漂亮的曲線來，當然一定會通過決定曲線位置的那一點。但這個曲線沒有意義，**除非我們能夠量到別的數據**。但在地球物理學領域，額外的實驗數據通常很難取得。在本例子，碰巧有別的數據可以用理論證明它的週期對應到自然頻率 ω_0，也就是說，如果地球大氣受到撼動，它就會以 ω_0 的頻率振盪。

1883 年的確有過這樣的大氣撼動。當時在印尼爪哇跟蘇門答臘之間的克拉卡托（Krakatoa）火山爆發，整個島嶼爆掉一半。這場爆炸撼動了整個大氣層，振盪的週期就測量到了，結果是 10.5 小時。而我們從圖 23-6 得到的 ω_0 是 10 小時 20 分鐘。起碼我們有這麼一次機會去檢驗我們對大氣振盪的瞭解。

接下來我們且看看小尺度的力學振盪。這回我們看氯化鈉晶體，就像我們在第 1 章內的描述，鈉離子跟氯離子帶著正負電荷，交錯排列。可能發生一種有趣的振盪。假設我們能把晶體中的正電荷都推向右邊，負電荷都推向左邊，然後突然放開，鈉的晶格和氯的晶格就會往復振盪，而且彼此相互振盪。

該如何進行？很簡單，我們只需把電場加到晶體上，就會把正電荷推向一邊，把負電荷推向另一邊去！因此光是外加電場，就有可能讓晶體發生振盪，但是所需要的電場頻率非常之高，相當於**紅外線輻射**的頻率範圍。所以我們測量氯化鈉對紅外光線的吸收光譜，找出共振曲線來，得到圖 23-7 。橫座標並非頻率，而是波長，但那只是技術上的細節，因為只要是波，頻率跟波長之間有一定的關係，所以是頻率的指標，有某一特定頻率對應共振頻率。

然而，吸收峰寬代表什麼？寬度受什麼因素影響呢？數據曲線的寬度跟理論自然寬度 γ 不同的例子很多。實驗數據曲線的寬度通常都比較大，原因有二：第一，受測物體不見得個個都有相同的頻率。如果晶體裡面有些區域受到了外力擠壓，振盪頻率跟其他部分

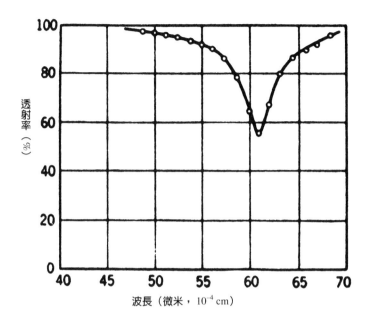

圖 23-7 不同波長的紅外輻射穿透氯化鈉薄膜（0.17 μ）的情形。
（After R. B. Barnes, *Z. Physik* **75**, 723 (1932). Kittel, *Introduction to Solid State Physics*, Wiley, 1956.）

稍有些不同，於是我們得到許多不同的共振曲線重疊在一塊，因而看起來比理論上的寬了一些。

　　另一個原因是，也許我們無法把頻率量得夠準確，如果分光儀上的狹縫有點寬度，即使我們以為通過狹縫的只是單一頻率的波，但事實上頻率有個範圍 Δω ，因此該儀器無法提供讓我們看到狹窄曲線所需要的鑑別率（resolving power）。在沒有其他資料佐證下，我們無法斷定圖 23-7 中的寬度，究竟是自然寬度、或是晶格不均勻、還是分光儀上的狹縫寬度所造成。

　　現在我們來看更奧祕的例子，就是磁鐵的擺動。磁鐵具有南北

兩極，假如放在固定不變的磁場裡，磁鐵的 N 端會被磁場推向一方，S 端會被推向相反的方向，通常會產生力矩，使得它像指南針一樣，在平衡點附近來回擺盪。

不過這兒我們所說的磁鐵是**原子**。這些原子都有「角動量」，力矩不是讓原子順著磁場方向簡單運動，而是發生**進動**。如果從側面看，我們發現每一方向上的分量都在「擺動」，而我們可以（用不同頻率的光）去干擾或驅動這項擺動，然後測量它的吸收情形。

圖 23-8 中的曲線，代表這種共振的一個典型例子，不過這個實驗技術上有點小小的不同。我們原先預期研究人員會改變橫向場（lateral field）頻率，然後畫出曲線來。當然他們可以那麼做，但是技術上，改變磁場的強度比改變磁場的頻率要容易許多，所以他們讓磁場頻率 ω 保持不變，而去改變磁場強度。此舉相當於改變我們公式中的 ω_0，所畫出來的共振曲線中，變數是 ω_0 而非 ω。總之，這是某特定 ω_0 跟 γ 的典型共振曲線。

咱們索性再接再厲，下一個例子且看看原子核。原子核內的質子跟中子的運動，都有某種形式的振盪，我們可用以下實驗來證明。用質子撞擊鋰原子時，我們發現，某種產生 γ 射線的反應，竟然有典型共振那種非常尖銳的極大值。

不過，我們注意到圖 23-9 跟其他例子有所不同，那就是它的橫座標不是頻率，而是一種**能量**！原因是以往在古典力學我們認為是能量的東西，在量子力學中其實是和某個波的頻率有關，單純大尺度物理中我們分析某些跟頻率有關的事物，再從原子尺度進行量子力學實驗，我們會得到對應的曲線，但是用能量函數來呈現。事實上，這種曲線可以說是這個關係的展現，顯示出能量與頻率之間，存在著某種深切關係，事實也是如此。

現在讓我們再瞧瞧另一個例子，也涉及**核能階**，但是它的曲線

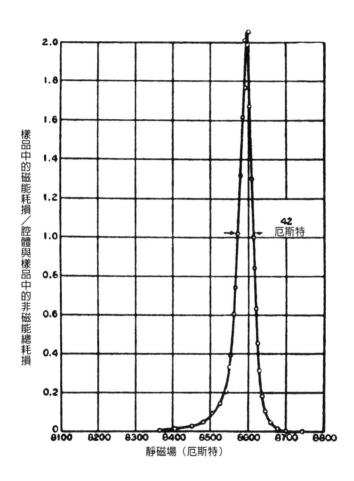

<u>圖 23-8</u> 順磁有機化合物內的磁能耗損，表達成外加磁場強度的函數。
（Holden *et al.*, *Phys. Rev.* **75**, 1614 (1949).）

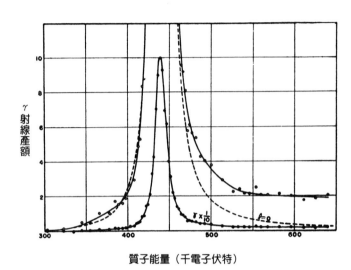

質子能量（千電子伏特）

圖 23-9　以質子撞擊鋰原子時，鋰原子所發出 γ 射線的強度是撞擊能量
的函數。圖中虛線是計算出來的理論曲線，假設質子角動量等
於零。
（Bonner and Evans, *Phys. Rev.* **73**, 666 (1948).）

寬度比前述的要狹窄許多了。圖 23-10 中的 ω_0 相當於 100,000 電子
伏特的能量，而曲線寬度 γ 大約只有 10^{-5} 電子伏特。換言之，Q
值為 10^{10}！當初繪出這曲線的時候，是先前測量過的各種振子中最
大的 Q 值。這是德國物理學家穆斯堡爾（Rudolf Mössbauer, 1929-）
測量出來的，他後來也因此而榮獲 1961 年諾貝爾物理獎。

　　注意此圖的橫座標是速度，因為要測量出如此微小的頻率差
異，會用到都卜勒效應，讓能量源對吸收體做相對運動。速度每秒
僅數公分而已，由此可以看出此實驗非常精緻。實際座標上，對應
於頻率為零的那一點，位置在此圖的左邊大約 10^{10} 公分處，「稍微」
超出了這張紙的範圍！

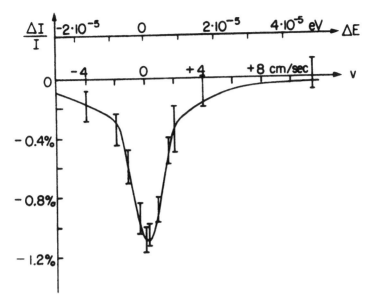

圖 23-10 （Courtesy of Dr. R. Mössbauer 提供）

最後，如果我們隨便翻閱《物理評論》（*Physical Review*）期刊的任何一期，就拿 1962 年 1 月 1 日那一期好了，我們會在裡面找到共振曲線嗎？其實每一期裡都有共振曲線，那一期裡所發表的共振曲線就是圖 23-11 。這條共振曲線非常有趣，它描述了**奇異粒子**某種反應中的共振現象，此反應為 K^- 與質子之間的交互作用。這個共振現象的偵測方式是檢視有多少某些種粒子因而產生，而且隨著出現粒子的種類跟數量不同，我們會得到不同的曲線。不過這些曲線的形狀相同，且波峰出現在相同的能量。

我們由此可以認定，K^- 介子在某特定能量處有共振現象，意味著把 K^- 與質子放在一塊時，應該可以獲得與此共振相對應的某種「態」，或「條件」。這就是一種新的粒子，也可說是共振。目前

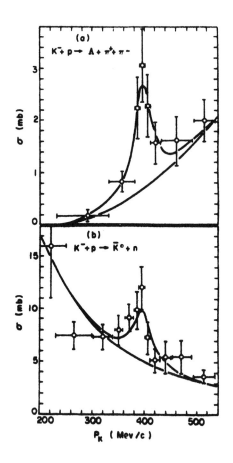

圖 23-11 在 (a) $K^- + p \rightarrow \Lambda + \pi^+ + \pi^-$ 及 (b) $K^- + p \rightarrow \bar{K}^0 + n$ 這兩種核反應中，動量隨截面變化的情形。(a)、(b) 兩圖中較低的曲線代表假定的非共振背景，而較高的曲線則是在背景曲線上多了疊加共振。

（Ferro-Luzzi *et al.*, *Phys. Rev.*, *Lett.* **8**, 28 (1962).）

我們還不知道，這樣凸起的波峰，應該把它當成「粒子」呢？抑或只是共振？共振非常**尖銳**時，它所代表的是非常**明確的能量**，彷彿自然界裡有帶著該能量的這種粒子。但是共振曲線變得較寬時，我們就不知道該怎麼稱呼它，要說它是一個壽命不長的粒子呢？或只是反應機率的共振？

第 2 章裡面曾提到這些粒子的這種性質，但是當初撰寫那一章時，這個共振尚未廣受人知，所以那一章的基本粒子清單現在應該再加一種粒子！

第24章

過渡現象

24-1　振子的能量

雖然本章的題目是「過渡現象」（transient，也稱為暫態），這一章裡的某些部分討論到強制振盪，實屬上一章的內容。強制振盪有一樣性質我們尚未討論 —— 振盪中的**能量**，現在我們來探討能量。

力學振子裡，究竟有多少動能呢？動能跟速度平方成正比。接下來這是重點：隨便一個量 A，它可以是速度或任何其他我們想要討論的事物。當我們把它寫成 $A = \hat{A}e^{i\omega t}$ 複數時，在物理世界裡**真實**存在的 A，只是該複數的**實部**而已。因此即使為了某種原因，要用到 A 的**平方值**時，我們不可以把複數自乘之後，再取乘積的實部，因為複數的平方值不只含實部的平方值，其中還參雜了一些**虛部**。所以，當我們想要知道動能時，必須暫時**撇開**複數記號，方能看清楚其中的來龍去脈。

真實的物理量 A 是 $A_0 e^{i(\omega t + \Delta)}$ 中的實部，亦即 $A = A_0 \cos(\omega t + \Delta)$，其中複數 $\hat{A}$ 寫成 $A_0 e^{i\Delta}$。那麼該真實物理量的平方就成了 $A^2 = A_0^2 \cos^2(\omega t + \Delta)$。這個量的平方值在最大值跟零之間上下來回變化，如同餘弦的平方那樣。而餘弦平方的最大值為 1，最小值為 0，其平均值為 1/2。

在許多情況下，我們對振盪中任意特定時刻的能量並沒有興趣，因為在很多實際應用情況中，我們只想要知道 A^2 的平均值而已，也就是在一段比振動週期要長的時間內 A 平方的**平均值**。在這種情況下，餘弦平方的平均值可以派上用場，因而我們有了以下定理：如果以一個複數代表 A，則 A^2 的平均等於 $\frac{1}{2} A_0^2$。其中 A_0^2 是複數 $\hat{A}$ 之大小的平方（這個說法有許多種寫法，有些人喜歡把它寫

成 $|\hat{A}|^2$，有人寫成 $\hat{A}\hat{A}^*$，意思是 $\hat{A}$ 乘以自己的共軛複數）。我們會一再用上這個定理。

　　現在來探討強制振子的能量。強制振子的方程式是

$$m\, d^2x/dt^2 + \gamma m\, dx/dt + m\omega_0^2 x = F(t) \qquad (24.1)$$

在我們的問題裡面，$F(t)$當然是 t 的餘弦函數。接著讓我們來分析情況：外力 F 究竟做了多少功？力在每秒內所做的功（即所謂功率）等於力乘以速度。（我們知道在 dt 時間內所做的微量功即 $F\, dx$，而功率就是 $F\, dx/dt$）。因此

$$P = F\frac{dx}{dt} = m\left[\left(\frac{dx}{dt}\right)\left(\frac{d^2x}{dt^2}\right) + \omega_0^2 x\left(\frac{dx}{dt}\right)\right] + \gamma m\left(\frac{dx}{dt}\right)^2 \quad (24.2)$$

但是上式等號右手邊的頭兩項也可寫成$(d/dt)[\frac{1}{2}m(dx/dt)^2 + \frac{1}{2}\omega_0^2 x^2]$，微分之後馬上就看出來了。這意思是說，上式中括弧裡的兩項，正是我們熟知的兩種能量之導數，第一種是運動時的動能，另一種則是彈簧的位能。讓我們把這個量稱之為**儲能**（stored energy），意指儲藏在振盪中的能量。

　　當振子受外力而振動了一段很長的時間，假設我們所要的是這許多週期的平均功率的話，長期來看，儲能並未改變，亦即它的導數平均結果應該等於零。換句話說，如果我們把長時間內的功率平均起來，那麼**所有的能量最後都跑到阻力項**$\gamma m(dx/dt)^2$。的確會有**一些**能量儲藏在振盪之中，但是該能量並不會隨著時間而改變。因此，平均功率 $\langle P \rangle$ 就成了

$$\langle P \rangle = \langle \gamma m(dx/dt)^2 \rangle \qquad (24.3)$$

利用我們表達複數的方法，以及定理 $\langle A^2 \rangle = \frac{1}{2}A_0^2$，可以求出

這個平均功率來。如果 $x = \hat{x}e^{i\omega t}$，則 $dx/dt = i\omega\hat{x}e^{i\omega t}$，所以在這些情況下，平均功率可以寫作

$$\langle P \rangle = \tfrac{1}{2}\gamma m\omega^2 x_0^2 \tag{24.4}$$

電路所用的符號中，電流 I 取代了(24.3)式中的 dx/dt（I 是 dq/dt，而電荷 q 對應於 x），$m\gamma$ 對應於電阻 R。因此能量耗損率，也就是外加強制功能所用掉的功率，等於電路上的電阻乘以電流平方的平均值：

$$\langle P \rangle = R\langle I^2 \rangle = R \cdot \tfrac{1}{2}I_0^2 \tag{24.5}$$

此能量當然是消耗在電阻的發熱上了，因而我們有時把它稱爲熱耗損（heat loss）或焦耳加熱（Joule heating）。

另一個有趣議題是，究竟有多少能量給**儲存**了起來？這跟前述的功率不同，因爲即使最初爲了儲能，得用掉一些功率，其後只要有任何加熱（電阻）耗損發生，系統會繼續不斷吸收功率。在任何時刻，系統裡總是儲存著某定量的儲能，所以我們也想計算一下，平均的儲能 $\langle E \rangle$ 究竟有多少。前面我們已經算出了 $(dx/dt)^2$ 的平均，所以我們得到

$$\begin{aligned}\langle E \rangle &= \tfrac{1}{2}m\langle(dx/dt)^2\rangle + \tfrac{1}{2}m\omega_0^2\langle x^2\rangle \\ &= \tfrac{1}{2}m(\omega^2 + \omega_0^2)\tfrac{1}{2}x_0^2\end{aligned} \tag{24.6}$$

於是，當振子的功率高，而且如果 ω 跟 ω_0 很接近，使得 $|\hat{x}|$ 的值很大，儲能就非常高，也就是說我們可以從相當小的力得到很大的儲能。該力在開始階段要驅動振盪得做不少的功，這之後要維持振盪

的穩定，只要克服摩擦力就行。只要摩擦力非常小，即使振盪很強，振子仍儲有很大的能量，消耗的能量並不多。振子的效率大小，就是儲能除以每振盪週期消耗的功。

儲能如何跟一個週期中所做的功來比較呢？這個量叫做系統的 Q，定義為 2π 乘以平均儲能，再除以每一週期所做的功。（如果我們改說：再除以每一**弧度**所做的功，就不需要 2π 了。）

$$Q = 2\pi \, \frac{\frac{1}{2}m(\omega^2 + \omega_0^2) \cdot \langle x^2 \rangle}{\gamma m \omega^2 \langle x^2 \rangle \cdot 2\pi/\omega} = \frac{\omega^2 + \omega_0^2}{2\gamma\omega} \tag{24.7}$$

Q 的用途不多，除非數值很大。 Q 相當大時，可以透露這個振子有多好。許多人試過用最簡單跟最實用的方式去定義 Q，各種定義彼此略有不同。但是只要 Q 值變得非常大，這些定義都趨向一致。最廣受採用的定義就是(24.7)式，會隨著 ω 變化。接近共振的優良振子，我們還可以設定 $\omega = \omega_0$，把(24.7)式進一步簡化為 $Q = \omega_0/\gamma$，這正是我們先前用過的 Q 的定義。

電路的 Q 又是什麼呢？要知道答案，我們只須按照表 23-1 所列的對應關係，把 m 以 L 代替、 $m\gamma$ 以 R 代替、 $m\omega_0^2$ 以 $1/C$ 取代，結果得到共振時的 Q 等於 $L\omega_0/R$，其中 ω_0 是共振頻率。如果我們在探討 Q 值很高的電路，意思是指，振盪中所儲藏的能量，比驅動振盪的機器每一週期所做的功大很多。

24-2　阻尼振盪

現在進入我們討論的主題：過渡現象（或暫態）。所謂**過渡現象**，是指沒有力存在，而系統又非靜止時，振子微分方程式的一個解。（當然啦！如果系統剛好停在原點，又沒有外力作用，就不成問題

了，因爲它就會永遠待在那裡！）

假設這個振盪是以別的方式開始，諸如先有外力驅動一段時間，再把這力撤消，會如何呢？讓我們先從 Q 值非常高的系統獲得粗略的概念。只要外力繼續作用，儲能就維持不變，而維持振盪需要做某些功。此時假設我們把外力拿掉，就不再做功，原先消耗外來能源的耗損，就不再有能源供它消耗，因爲**沒有**驅動力了。系統不得不轉而耗用儲存在系統中的能量了。

假設 $Q/2\pi = 1000$ ，意思是，每週期所做的功是儲能 E 的 $1/1000$ 。沒有驅動力時，我們認爲，振子若是繼續保持振盪，每週期應該會消耗掉 E 的 $1/1000$ ，這能量原先是由外力提供的。所以我們猜想，對於 Q 值相當高的系統來說，下面這個方程式很有可能是對的。（我們以後還會嚴格證明，結果發現這個猜想果然是正確的！）

$$dE/dt = -\omega E/Q \qquad (24.8)$$

上式很粗略，因爲只有當 Q 值很大時才成立。

當振盪每進行一弧度，振子就會損失掉儲能 E 的 $1/Q$ 。某段時間 dt 內的能量耗損，由於時間 dt 的弧度數爲 $\omega\, dt$ ，因此能量變化就成了 $\omega\, dt/Q$ 。那麼頻率 ω 是多少？我們假設此系統振盪得非常平順，幾乎不用外力驅動，一旦驅動力取消，系統也兀自以幾乎同樣的頻率繼續振盪。所以我們猜想 ω 就是共振頻率 ω_0 。那麼我們可以從(24.8)式導出儲能的變化爲

$$E = E_0 e^{-\omega_0 t/Q} = E_0 e^{-\gamma t} \qquad (24.9)$$

這是任何時刻的**能量**大小。

　　振幅做爲時間函數的公式，又大概會是什麼形式呢？跟此相同嗎？不會！彈簧中的能量跟位移的**平方**成正比；動能跟速度**平方**成正比，所以總能量跟位移的**平方**成正比。因此位移，或振幅，減少的速率較慢，只有能量減少速率的一半。換言之，我們推測阻尼過渡運動的解，應是頻率跟共振頻率 ω_0 非常接近的振盪，而在此振盪中，正弦波動的振幅將會隨著 $e^{-\gamma t/2}$ 逐漸縮小：

$$x = A_0 e^{-\gamma t/2} \cos \omega_0 t \qquad (24.10)$$

從本方程式及圖 24-1 ，我們就有概念該預期什麼。接下來我們嘗試解這運動本身的微分方程式，來做**精確的**分析。

　　從(24.1)式著手，在沒有外力的情況下，我們如何去解它呢？做爲物理學者，我們的重點是它的解究竟**爲何**，而不太在乎解題所用的**方法**。有了先前的經驗，我們試試以指數函數 $x = Ae^{i\alpha t}$ 的曲線當解。（爲什麼我們要用這來試呢？因爲它是最容易微分的！）我

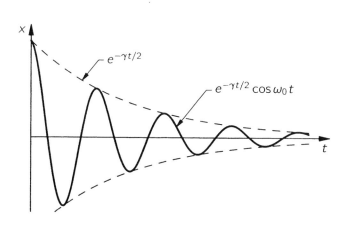

圖 24-1 阻尼餘弦振盪

們把它代入(24.1)式（$F(t) = 0$），運算規則是：每回我們把 x 對 t 微分，就是乘以 $i\alpha$，非常容易代入，我們所得到的式子就是

$$(-\alpha^2 + i\gamma\alpha + \omega_0^2)Ae^{i\alpha t} = 0 \qquad (24.11)$$

上式必須**恆**等於零，只可能有兩個解：(a) $A = 0$，但這不是解，因為它代表靜止不動，；另一個解 (b) 則是

$$-\alpha^2 + i\alpha\gamma + \omega_0^2 = 0 \qquad (24.12)$$

如果我們能解此式求得 α 值，就有了一個 A 不必為零的解！於是

$$\alpha = i\gamma/2 \pm \sqrt{\omega_0^2 - \gamma^2/4} \qquad (24.13)$$

我們暫時假設 γ 比 ω_0 小得多，所以根號中的 $\omega_0^2 - \gamma^2/4$ 絕對是個正值，因而開方應該不成問題。唯一傷腦筋的是，我們得到兩個解！亦即

$$\alpha_1 = i\gamma/2 + \sqrt{\omega_0^2 - \gamma^2/4} = i\gamma/2 + \omega_\gamma \qquad (24.14)$$

以及

$$\alpha_2 = i\gamma/2 - \sqrt{\omega_0^2 - \gamma^2/4} = i\gamma/2 - \omega_\gamma \qquad (24.15)$$

假設我們沒有注意到式中根號值可以有正跟負，我們先只考慮第一個解，於是我們知道 x 有個解為 $x_1 = Ae^{i\alpha_1 t}$，其中 A 可以是任何常數。此處為了簡化這個解，寫起來方便些，於是我們讓 $\sqrt{\omega_0^2 - \gamma^2/4} = \omega_\gamma$。如此一來，則 $i\alpha_1 = -\gamma/2 + i\omega_\gamma$，從而我們得到 $x_1 = Ae^{(-\gamma/2 + i\omega_\gamma)t}$，又因為指數函數的美妙性質，上式亦可寫成

$$x_1 = Ae^{-\gamma t/2}e^{i\omega_\gamma t} \tag{24.16}$$

首先，我們認出這是一個頻率為 ω_γ 的振盪，而且 ω_γ 並不**剛好**等於固有頻率 ω_0，不過在很好的系統兩者會很接近。其次，振幅以指數方式遞減！比如取(24.16)式的實部，我們即可得到

$$x_1 = Ae^{-\gamma t/2}\cos\omega_\gamma t \tag{24.17}$$

　　這跟前面我們用猜的答案(24.10)式非常相似。唯一的差別是，頻率事實上是 ω_γ。這是唯一的錯誤。表示我們當初的思考方向正確。但是問題還**沒有**完全解決！**還有另外一個解！**

　　另一個解是 α_2，我們看到唯一的差異，只是 ω_γ 正負號不同而已：

$$x_2 = Be^{-\gamma t/2}e^{-i\omega_\gamma t} \tag{24.18}$$

這有啥意義呢？我們很快會證明，如果 x_1 跟 x_2 都是(24.1)式在 $F = 0$ 情況下的可能解，那麼 $x_1 + x_2$ 也會是同一方程式的解！所以該方程式的數學通解 x 為

$$x = e^{-\gamma t/2}(Ae^{i\omega_\gamma t} + Be^{-i\omega_\gamma t}) \tag{24.19}$$

　　我們也許會納悶，有第一個解已經夠高興的了，何必管另外這個解呢？我們知道應該只取實部，那麼這個多餘的解有什麼用呢？**我們**都知道必須取實部，但**數學**怎麼知道我們要的只是實部？當初驅動力 $F(t)$ 不等於零時，我們曾加進**虛設**的力去配合，使得方程式的**虛**部有明確的驅動方式。然而當我們設定 $F(t) \equiv 0$ 時，我們認定 x 應當只是我們寫下來的實部，但數學方程式並不知道這一點。

　　物理世界裡只**有**實數的解，可是前面我們很得意的那個答案並

非實數，它是個**複數**。然而**方程式**並不知道我們只打算取實部，所以它也必須呈現共軛複數的解，當我們把兩個解放在一塊就能**得到一個真正的實數**解了；這就是 α_2 的功用。又 $Be^{-\gamma\omega_\gamma t}$ 必須是 $Ae^{-\gamma\omega_\gamma t}$ 的共軛複數，加起來之後才會讓虛部消失。事實上 B 就是 A 的共軛複數 $A*$，因而實數解就變成了

$$x = e^{-\gamma t/2}(Ae^{i\omega_\gamma t} + A*e^{-i\omega_\gamma t}) \tag{24.20}$$

因此，我們的實數解就是**相移**跟阻尼組合起來的振盪，跟預告的一樣。

24-3　電路過渡現象

現在來看以上論述是否真的管用。我們建構圖 24-2 中所示的電路，電感 L 的兩端電壓變化接到示波器。裝妥後，突然接通開關 S，產生電壓。這個振盪電路一通電就產生某種過渡現象（暫態）。

這相當於我們突然加外力使某系統開始振盪。它是阻尼力學振

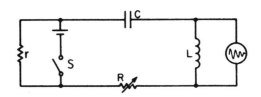

圖 24-2　用來產生過渡現象的電路

子的電學版本，我們從示波器看振盪曲線，可以進一步分析。（在示波器的光點以等速做水平運動，垂直運動則顯示通過電感的電壓。電路的其他部分只是技術細節，不予討論。人眼視覺暫留不夠讓我們在螢幕上看到一條清晰曲線，只好把這實驗重複作很多次。我們反覆啟動開關，每秒 60 次，每次都會讓示波器水平掃瞄一次，把曲線一再描出來。）

　　次頁的圖 24-3 到圖 24-6 中，我們看到阻尼振盪的例子，都是實際從示波器螢幕拍攝下來的。圖 24-3 顯示的是高 Q 值跟小 γ 值的電路阻尼振盪，它的振幅並未很快消逝，慢慢減小時仍振盪多次。

　　我們看到降低 Q 值使得振盪消失得比較快。我們可以增大電路的電阻，來降低 Q 值。當我們換上較大的電阻，振盪果然消失得快了些（見圖 24-4）。如果我們再換上更大的電阻，振盪顯然會消失得更快（見圖 24-5）。不過當電阻大到某個程度之後，就完全看不見振盪啦！問題來啦，是因為咱們的眼睛不夠好嗎？若換上更大的電阻，得到的是圖 24-6 中的曲線，看起來根本沒發生振盪，只能說「振」了一次罷了。我們如何用數學來解釋呢？

　　電路中的電阻跟力學裝置中的 γ 項之間，當然是成正比的關係。具體來說，γ 就是 R/L。如果把我們很滿意的(24.14)跟(24.15)兩個解裡的 γ 值增大，當 $\gamma/2$ 大於 ω_0 時，就很棘手了。屆時我們還必須把 α_1 跟 α_2 這兩個解改寫成

$$i\gamma/2 + i\sqrt{\gamma^2/4 - \omega_0^2} \qquad \text{與} \qquad i\gamma/2 - i\sqrt{\gamma^2/4 - \omega_0^2}$$

遵循與前面相同的數學演繹，我們又可以得到兩個解：$e^{i\alpha_1 t}$ 跟 $e^{i\alpha_2 t}$。如果我們拿來取代 α_1，可以得到

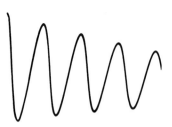

圖 24-3

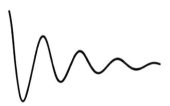

圖 24-4

圖 24-5

圖 24-6

$$x = Ae^{-\left(\gamma/2 + \sqrt{\gamma^2/4 - \omega_0^2}\right)t}$$

這是很漂亮的無振盪指數衰變。同理，另一個解則是

$$x = Be^{-\left(\gamma/2 - \sqrt{\gamma^2/4 - \omega_0^2}\right)t}$$

我們注意到指數中的平方根不可能大於 $\gamma/2$，因為即使 $\omega_0 = 0$，指數中的前後兩項相等。但是平方根裡，$\gamma^2/4$ 得減去 ω_0^2，使得平方根只會小於 $\gamma/2$，而括號裡永遠會是正值。感謝老天！為什麼呢？因為它要是能變成負值，e 的指數就會是一個**正**因子乘以時間 t，就是說它遲早會爆炸！電路中的電阻不斷加大時，我們知道它不會爆炸，實際剛好相反。

　　現在我們有兩個解，都是逐漸消逝的指數函數，只是其中一個的「消逝率」比另一個要快得多。而通解當然就是兩個解的組合，組合中的兩個係數（A 跟 B）乃取決於運動如何開始，亦即視該問題的初始條件而定。若電路初始方式恰好讓 A 為負、B 為正，那麼通解就是兩條指數曲線的差。

　　現在讓我們來討論一下，如果知道運動如何開始，怎樣去求出 A 跟 B（或是 A 跟 A^*）這兩個係數。

　　假定在 $t = 0$ 時，$x = x_0$ 且 $dx/dt = v_0$，於是我們把這三個等式代入以下兩個關係式中

$$x = e^{-\gamma t/2}(Ae^{i\omega_\gamma t} + A^*e^{-i\omega_\gamma t})$$
$$dx/dt = e^{-\gamma t/2}[(-\gamma/2 + i\omega_\gamma)Ae^{i\omega_\gamma t} + (-\gamma/2 - i\omega_\gamma)A^*e^{-i\omega_\gamma t}]$$

由於 $e^0 = e^{i0} = 1$，我們求得

$$x_0 = A + A^* = 2A_R$$
$$v_0 = (-\gamma/2)(A + A^*) + i\omega_\gamma(A - A^*)$$
$$= -\gamma x_0/2 + i\omega_\gamma(2iA_I)$$

其中，$A = A_R + iA_I$，且 $A^* = A_R - iA_I$。因此我們發現

$$A_R = x_0/2$$

以及

$$A_I = -(v_0 + \gamma x_0/2)/2\omega_\gamma \qquad (24.21)$$

一旦知道初始狀況，以上兩個關係式就決定了 A 跟 A^*，也就是暫態解的完整曲線。

　　附帶一點，如果我們注意到下列兩個關係：

$$e^{i\theta} + e^{-i\theta} = 2\cos\theta \qquad 與 \qquad e^{i\theta} - e^{-i\theta} = 2i\sin\theta$$

我們可以把完全解寫成

$$x = e^{-\gamma t/2}\left[x_0\cos\omega_\gamma t + \frac{v_0 + \gamma x_0/2}{\omega_\gamma}\sin\omega_\gamma t\right] \qquad (24.22)$$

其中 $\omega_\gamma = \sqrt{\omega_0^2 - \gamma^2/4}$。這一就是振盪逐步消逝的數學式子。將來我們不會直接用到它，不過我們應該趁此強調，在更普遍的情況下都成立的幾點。

　　首先，這種沒有外力的系統，其行為可由純時間指數函數（我們寫成 $e^{i\alpha t}$）的「和」或「疊加」來表示。在既有情況下這種解頗值得一試。這些 α 值一般都是複數，虛部代表阻尼。最後，在第

22 章曾經討論過，正弦函數跟指數函數在數學上的密切關係，其物理意義在於，當某物理參數（在此例中為電阻 γ）超過某臨界值時，系統之行為會從振盪轉變成以指數函數來描述的行為。

第25章

線性系統及複習

25-1　線性微分方程式

前面幾章看了特殊的振盪系統，在本章我們將討論振盪系統更為廣泛普遍的某些面向。前幾章的特殊系統微分方程式是

$$m \frac{d^2x}{dt^2} + \gamma m \frac{dx}{dt} + m\omega_0^2 x = F(t) \tag{25.1}$$

對變數 x 的「運算」如此組合有個很有趣的性質：如果我們以$(x + y)$取代 x，得到「對 x 運算的組合」與「對 y 運算的組合」的和。如果我們把 x 都乘以 a 時，跟以 a 乘上整個組合的結果相同。

要證明很容易，為避免一再重覆寫長串公式，我們可借用「速記」，以一個簡單的記號 $\underline{L}(x)$ 來代替。一看到就知道它是(25.1)的左式，其變數是 x。有了這樣的表達系統，$\underline{L}(x + y)$ 就代表

$$\underline{L}(x + y) = m \frac{d^2(x + y)}{dt^2} + \gamma m \frac{d(x + y)}{dt} + m\omega_0^2(x + y) \tag{25.2}$$

$\underline{L}$ 下面加上一根橫槓是要提醒我們自己，它不是普通的函數。有時候我們把這叫做**算符記法**（operator notation），無論我們叫它什麼，不外是「速記」符號罷了。

因此前述第一項性質就是

$$\underline{L}(x + y) = \underline{L}(x) + \underline{L}(y) \tag{25.3}$$

從 $a(x + y) = ax + ay$、$d(x + y)/dt = dx/dt + dy/dt$ 等已知事實，我們當然很容易證明上式成立。

第二項性質則是，對常數 a，

$$\underline{L}(ax) \;=\; a\underline{L}(x) \qquad\qquad (25.4)$$

（其實(25.3)式跟(25.4)式關係非常密切，如果我們把$(x + x)$代入(25.3)式，就跟設(25.4)中的 $a = 2$ 一樣！）

　　在複雜的問題中，L 可能包含更多的導數以及更多的項，我們有興趣的是(25.3)跟(25.4)是否保持成立。如果是，我們稱之為**線性**問題。在此章中，我們即將討論線性系統才有的某些性質，藉以明瞭先前對特殊問題做特殊分析時，所得到的結果其實頗為廣泛普遍。

　　現在讓我們繼續採用(25.1)式，來看線性微分方程式有哪些性質。我們關心的第一個性質是：假設我們要解某個過渡現象（指無外加驅動力的自由振盪）的微分方程式，也就是說，我們要解

$$\underline{L}(x) \;=\; 0 \qquad\qquad (25.5)$$

又假設我們用了各種方法，先找到了一個特殊解，且稱之為 x_1。就是說 x_1 滿足 $\underline{L}(x_1) = 0$。我們看出來，ax_1 也是一個解，意思是說，該特殊解乘以任何一個常數，就得到一個新的解。也就是說，如果某個「大小」的運動是該方程式的解，數倍大的同類運動也都是解。**證明**：$\underline{L}(ax_1) = a\underline{L}(x_1) = a \cdot 0 = 0$。

　　接下來，假如我們用了各種方法，不但找到了一個特殊解 x_1，還找到了另外一個特殊解 x_2（還記得我們在上一章裡，用 $x = e^{i\alpha t}$ 代入去求過渡現象，結果居然得到了**兩個**不同的 α 值，那就是 x_1 跟 x_2 兩個解。）。現在我們要證明，這兩個解的和 $x_1 + x_2$ 也是一個解。換言之，如果 $x = x_1 + x_2$，則 x 也是方程式的一個解。為什麼？因為若 $\underline{L}(x_1) = 0$，且 $\underline{L}(x_2) = 0$，則 $\underline{L}(x_1 + x_2) = \underline{L}(x_1) + \underline{L}(x_2) = 0 + 0 = 0$。所以如果針對某個線性運動系統，同時找到了好幾個

解，可以把它們加起來。

結合這兩個觀念，我們就看出來，在問題有兩個特殊解 x_1 跟 x_2 的情況下，不但各自的任何常數倍 αx_1 或 βx_2 爲新的解，它們之間的任何倍數組合($\alpha x_1 + \beta x_2$)也都是解。如果我們碰巧找到三個解，那麼這三個解之間的任何倍數組合也都是解。不過振子問題能得到的**獨立解***只有兩個。

我們可以找到的獨立解數目，乃是依照所謂**自由度**（degree of freedom）多少而定。詳情暫不討論。但二階微分方程式只能有兩個獨立解，前面我們已經求得了，所以我們已有最普遍的通解了。

現在我們來看另一個命題，它適用於系統受到外力的情況。假設方程式爲

$$\underline{L}(x) = F(t) \tag{25.6}$$

而我們的朋友老喬已經有一個特殊解 x_J，且 $\underline{L}(x_J) = F(t)$。其次我們假設，我們想要找出另一個解來，如果我們把老喬的解，加上前面那個無外力作用的「自由」方程式(25.5)的一個解 x_1，則根據(25.3)式，

$$\underline{L}(x_J + x_1) = \underline{L}(x_J) + \underline{L}(x_1) = F(t) + 0 = F(t) \tag{25.7}$$

所以對這個「強制」解，我們還可以加上任何「自由」解，仍然滿足上式！這兒的自由解就是**暫態解**。

原先沒有力，突然啓動外力，我們並不會立即得到上次求得的正弦波方程式之穩定解，而是先有瞬變解，只要等得夠久終究會消

---

*原注：彼此之間不能以線性組合來表示的解，叫做獨立解。

退。相對的，一直有外力在驅動的「強制」解則不會消失，而且從長遠來看，這個解是唯一的，但是啓動之初其運動會隨著啓動條件而有所差異。

25-2　解的疊加

　　現在我們要談另一個有趣的命題。假設我們有某一特殊的驅動力 F_a（假定它是頻率 $\omega = \omega_0$ 的振盪力，不過我們的結論對任何形式的函數 F_a 都成立），而且已經得到了此強制運動的解（有沒有暫態都是一樣）。假設另有別的力 F_b 在作用，我們同樣已經得到該系統受此不同力驅動的運動解。然後有人問你：「我有個新的問題想請你解決，我的作用力是 $F_a + F_b$！」我們會解嗎？當然可以，解就是把 F_a 跟 F_b 單獨作用時，各別的解 x_a 跟 x_b 加起來的和而已。眞是太奇妙了。如果我們借用(25.3)式，答案就是：

$$\underline{L}(x_a + x_b) = \underline{L}(x_a) + \underline{L}(x_b) = F_a(t) + F_b(t) \qquad (25.8)$$

　　這就是線性系統具所謂**疊加原理**的例子。這個原理非常重要，它的意義如下：如果我們有一個很複雜的力，可以用簡便的方式分解成好些個「單純」的分力，意指這種分力的運動方程式容易解。然後**整個力**的答案便躍然紙上了，因爲如同總**力**等於各分力之和，各個分力的**解**加起來，就成了總力的解（見圖 25-1）。

　　讓我們再舉一個疊加原理的例子，在第 12 章我們說過，某電荷分布爲 q_a，而由於這組電荷分布的影響在空間某 P 點上會造成電場 $\mathbf{E}_a$。如果另有一組電荷分布 q_b 在 P 點上造成的電場爲 $\mathbf{E}_b$。電學定律有個很棒的事實，就是如果這兩組電荷同時存在，則在 P 點上形成的總電場 $\mathbf{E}$ 即等於 $\mathbf{E}_a$ 跟 $\mathbf{E}_b$ 之**和**。換言之，如果我們知道

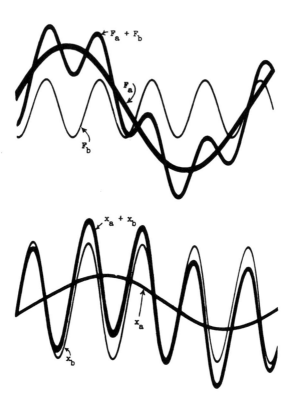

圖 25-1　線性系統具疊加原理的例子

某特定電荷在某點上所造成的電場,則許多不同電荷在該點上所造成的總電場,就是各個電荷分別造成的電場的向量和。這跟我們在以上命題的結論完全相同,即同時有兩個力作用時,它們的合力所造成的回應,就等於兩分力各自的回應之和。

　　這個原理在電學中亦成立,是因為描述電場現象的偉大定律——馬克士威方程式,正好是**線性**微分方程式,也就是具有(25.3)式的性質。電學中產生電場的**電荷**相當於力,而用電荷推算決定電場的方程式是線性的。

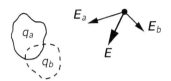

<u>圖 25-2</u>　靜電學中的疊加原理

　　此命題之另一有趣的例子是，許多無線電台都同時播音，我們想問如何「調準」收音機，才能收聽到我們所要的特定電台呢？基本上，無線電台發射的是非常高頻率的振動電場，可以對收音機天線起作用。為了把語音訊號傳送出去，電場的振幅的確不斷改變，叫做調幅。不過非常的慢，用不著我們傷腦筋。

　　當我們從收音機裡聽到：「本台廣播頻率為 780 千赫。」意思是指該電台發出的電場振盪頻率為每秒 780,000 次。使得我們收音機天線裡的電子也跟著以同樣的頻率上下來回振動。不過同一個城市裡，可能另一家電台也正在廣播，只是所用的頻率不同，譬如是 550 千赫好了。那麼我們天線裡的電子，當然同時也會被第二個頻率的電場驅動做同樣的振動。現在問題來了，如何區隔不同頻率（780 千赫跟 550 千赫），而同時闖進收音機的兩組訊號？顯然我們不會同時收聽到兩個電台。

　　收音機電路的第一部分（接收部分）為一線性電路。根據疊加原理，它對電場 $F_a + F_b$ 外來作用力的回應為 $x_a + x_b$，乍看之下，似乎永遠無法把它們分開。而事實上，疊加原理的要義似乎也是堅持，我們的系統**不得不**同時接收兩者！但是切記，**共振**電路的回應（即每單位 F 所造成的 x 量）曲線是頻率的函數，像圖 25-3 那樣。如果該電路 Q 值非常高，回應曲線會出現一個非常明確、尖銳的

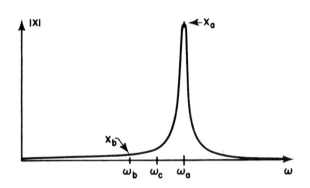

圖 25-3　調準在 ω_a 的共振曲線

最大值（峰值）。此時我們若再假設，這兩座電台的電場強度相若
（即兩個**力**的大小相當），收音機電路的**回應**是圖 25-3 上 x_a 跟 x_b 之
和。但是曲線告訴了我們，x_a 非常大，而 x_b 非常小，兩者不成比
例。所以即使兩者訊號強度不相上下，但若此電路本身的頻率已調
到跟其中一個電台傳頻率相同的 ω_a 時，兩個訊號通過收音機的銳
共振電路（sharp resonant circuit）之後優劣立判，收音機對某一台訊
號之回應強度，要比它對另一台訊號之回應大得太多。所以雖然同
時接獲兩訊號，它的回應幾乎全都是頻率為 ω_a 之振動波，我們就
選到了想要收聽的電台啦！

　　把收音機「調」到某個頻率，到底怎麼調？由於電路的頻率 ω_0
取決於電路上 L 跟 C 的組合，我們可以改變 L 或 C。大部分收音
機設計成電容 C 可以調整。當我們重新調收音機的頻率時，除了帶
動指針在有刻度的表尺上滑動外，還改變電容而調整電路的自然頻
率到，比方說，ω_c。這時候因為在 ω_c 沒有電台播送，$x_a + x_b$ 回應
都很小，聽不清楚。如果我們繼續調整電容，讓共振曲線的最大值

在 ω_b，當然就聽到這台。這就是收音機選台的祕密了，其道理無非是疊加原理，加上不同的共振回應罷了。*

最後讓我們定性說明一下，如果線性問題所牽涉的作用力很複雜，該如何進行分析。在許多可行方案裡，有兩個特別廣泛有用。其中之一是：假設對於某些特殊的作用力，諸如各種頻率的正弦波，我們都解得出來。一旦寫出來之後，要解正弦波作用力方程式易如兒戲，而這些易於求解的作用力則可稱為「兒戲」力。

現在的問題是，我們是否能把複雜的力分解成為若干「兒戲」力之和。圖 25-1 裡的疊加曲線，已經相當複雜，當然如果再加上幾條不同頻率的正弦波，會愈加複雜。反之亦然：那就是任何一條曲線，事實上都可以由**無數條**不同波長（或頻率）的正弦波相加而成，而且每一正弦波我們都會解。針對任何已知力 F，我們只需知道組成 F 的各種正弦波各占多少。而我們所要的解 x，就是這些正弦波的解各自乘以 x 對 F 的有效比之後，加起來的總和。這個解題的方法叫做**傅立葉變換**（Fourier transform）或**傅立葉分析**（Fourier analysis）。在此我們並不打算真的著手示範這項分析，我們只希望把涉及的觀念講解一下而已。

以下是另一種替我們解決複雜問題的方法，這法子非常有趣：假設絞盡腦汁之後，我們找到方法，用稱為**脈衝**的特殊力可以解決

---

*原注：現代的超外差（superheterodyne）接收式收音機裡，選台的運作更為複雜。放大器全都調到某一固定頻率（稱為 IF 頻率），另外在**非線性**的電路裡，由一個具有可調頻率的振盪器與輸入訊號結合，產生新的頻率（即訊號跟振盪器之間的頻率差），這個新頻率與 IF 頻率相等，然後予以放大。將在第 50 章討論。

複雜力問題。脈衝力的作用時間非常短暫，開了之後立即關上，就結束了。事實上我們只需某單位強度脈衝的解，其他強度的脈衝的解只是再乘以一個合適的因子就成了。我們已經知道，脈衝的回應 x 是一種阻尼振盪。其他種類的力，比方說，圖 25-4 的力，我們又該如何去看待？

　這種力可以用一連串榔頭的敲擊來模擬：開始的時候沒有力，而後陡然之間，力以脈衝、脈衝、脈衝……形式穩定出現，最後戛然而止。換言之，我們把這個連續的力想像成彼此非常接近的一連串脈衝。由於我們已經知道單一脈衝的結果，所以一整串脈衝的結果會是一整串阻尼振盪加在一塊兒。首先畫出第一次脈衝造成的回應曲線，然後（只稍稍遲了一丁點）加上第二次脈衝的回應曲線，然後又是第三條脈衝曲線，第四條等等。如此一來，只要知道單一脈衝的答案，我們就能以數學方式表示出任何函數的完整解來。我們只要積分，就得到任何其他力的答案。這個方法叫做**格林函數法**（Green's function method）。所謂的格林函數，即對單一脈衝的回應，把許多脈衝的回應全加在一起，來分析任何力所造成的總回應，就叫做格林函數法。

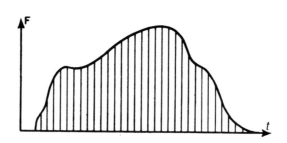

圖 25-4　複雜力可以當作一連串銳脈衝來處裡

以上解線性方程式的兩個方法，其中涉及的物理原理非常簡單，很容易瞭解，但是所涉及的**數學**問題，諸如複雜的積分等等，現在探討略嫌高深。各位的數學再多演練之後，早晚會再碰到，不過**觀念**的確很簡單。

最後我們還想要說明一下，為何**線性**系統如此重要的。答案很簡單：因為我們有辦法解它們呀！所以我們大部分時間都花在解線性問題上。另一個（也是最重要的）原因是，事實上，**物理的基本定律通常就是線性的**，描述電學定律的馬克士威方程式就是線性的，而量子力學的偉大定律，就我們所知，也是線性的方程式。**那就是為什麼我們花這麼多時間在各種線性方程式上**：因為只要能搞懂線性方程式，原則上，我們就立即懂得了許許多多的事物。

在此略提另一種情況，也會有線性方程式。當位移很小時，許多函數都能以線性方式**求近似值**。譬如我們有一個簡單的擺，其正確的運動方程式是

$$d^2\theta/dt^2 \;=\; -(g/L)\sin\theta \qquad\qquad (25.9)$$

此方程式可以用橢圓函數來解，但是最簡單的解法卻是數值方法，在第 9 章用過計算牛頓運動定律。非線性方程式**除了**數值方法之外，通常還真是沒有別的解法。不過在這個特別例子裡，只要角度 θ 很小，實質上 $\sin\theta$ 就等於 θ，因此上式成了線性方程式。我們發現，在許多情況下，小量的效果都是線性的，此例中的擺以很小的弧度擺動就是。

另一個例子是彈簧：如果我們輕拉彈簧，則力會跟彈簧延伸的長度成正比。如果用力拉，會把彈簧拉壞，而且力對距離的函數完全不同。線性方程式非常重要，重要到物理跟工程的領域裡，我們大約得花掉一半的時間去解線性方程式呢！

25-3　線性系統中的振盪

現在讓我們複習一下，過去幾章裡所討論過的東西。各種振子的物理很容易給數學遮蔽了。物理原則其實非常簡單，我們只要暫時把數學置諸腦後，就會知道振盪系統裡所發生的一切，幾乎都可以瞭解。

首先，如果系統裡只是一根彈簧加上一塊重物，我們很容易瞭解它爲什麼會振動——此乃慣性使然。我們把重物向下拉，彈力把它向上拉。當重物通過先前靜止時的位置時，由於有動量，不會突然停止下來，就繼續往前、盪到另一邊，來來回回。所以，如果沒有摩擦力，我們必然**預期**它會進行振盪運動，而事實確是如此。但是只要有很少的摩擦力存在，下個週期的最高點就沒有上次高。

每個週期到下個週期到底有什麼變動？看摩擦力的種類跟大小而定。假定我們有能力打造出一種摩擦力，即使振幅有所不同時，它永遠會跟其他兩個力（重物的慣性力，以及彈簧的彈力）保持一定的比率。換言之，當振盪較小時，摩擦力也隨之變弱。平常摩擦力並沒有這樣的性質，所以我們得用心「發明」出這種摩擦力來，目的是要讓它跟重物的速度直接成正比，就可以達到上述這種要求。如果我們眞有這樣子的摩擦力，那每週期結束的瞬間，系統所處的條件跟在該週期一開始時比較，除了規模稍稍變小之外，其他完全相同。所有的力都以同樣的比率變小：彈力變小了，慣性效應由於加速度變小而變小，而且摩擦力也相對變小了。

如果眞有這樣子的摩擦力，我們發現後續的振盪都跟第一次振盪一樣，惟獨振幅漸漸縮小。比方說，第一個週期之後，振幅縮成原來的 90% ，那麼在完成下一個週期時，振幅又會進一步縮成

90% 的 90%，且以後**每個週期，振盪大小會以同樣的比率縮減**。指數函數畫出來的曲線正好就是如此，每隔相同的時間間隔，變化比率維持固定。換言之，如果某個週期的振幅是前一週期振幅的 a 倍，則下一週期的振幅會是 a^2 倍，而再下一週期的振幅會是 a^3 倍。所以隔了 n 週之後的振幅 A，會是原來振幅 A_0 乘以 a 的 n 次方：

$$A = A_0 a^n \qquad (25.10)$$

但是週期數目跟時間成正比，即 $n \propto t$。所以一看就知道，通解應該是某種振盪函數，即「ωt 的正弦或餘弦」乘以「大約可以寫成 b' 的振幅」。但是若 b 等於一個小於 1 的正數，則可以把它寫成 e^{-c}。所以你瞧！這就是爲何求得的解看起來像是 $e^{-ct} \cos \omega t$。這非常淺顯易懂。

　　如果摩擦力不是前述那種我們刻意設計出來的力，結果又會如何呢？打個比方，平常在桌面上拖動東西的摩擦力是某個固定值，跟每半個週期就會變換方向的振盪規模無關。在這種情況下，其運動方程式不再是線性的，變得難以求解，必須用第 2 章的數值方法，或者把每半個週期單獨考慮。數值方法是所有解題方法中最有效的一種，任何方程式都能解。只有碰到很簡單的問題時，才可以靠數學分析解決。

　　數學分析沒有人家講的那麼偉大；它只能用來解決最最簡單的方程式。一旦方程式變得一丁點複雜。數學分析就無能爲力了！但是我們在本課程一開始就介紹的數值方法，卻可用來處理任何跟物理有關的方程式。

　　接下來，共振曲線又如何？爲什麼會有共振？首先暫時想像摩擦力不存在，有樣東西自己會振盪。每次它經過面前時，我們就順勢輕輕一推，它就會大幅度搖擺起來。然而如果我們不看它，把眼

睛閉上,只是按某固定的時間間隔推它一下,會發生什麼事呢?有時候我們會發現振盪方向跟我們推的方向相反!當然如果我們選擇的時間間隔恰好,每次都推得正是時候,振子就會愈盪愈高。

　　所以沒有摩擦力時,對於不同頻率的推力,回應曲線應該會像圖 25-5 中顯示的實線那樣。我們大致瞭解共振曲線的性質。若要得到該曲線之精確形狀,還是訴諸數學。當 $\omega \to \omega_0$ 時,曲線趨向於無限大。ω_0 就是振子的自然頻率。

　　現在假設有那麼一點摩擦力存在,當振子的位移很小時,摩擦力影響不大,共振曲線會維持不變,靠近共振的地方例外。這部分不再趨向無限大,只到達某個有限的高度,表示每推一下所做的功,剛好抵消了該週期內摩擦力耗掉的能量。結果是曲線的頂端變圓變低了,不再是無限大。如果摩擦力增大,則曲線的頂端會變得

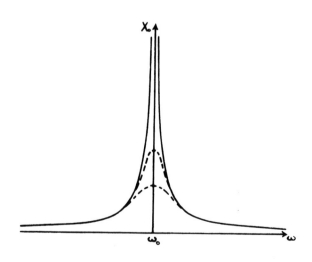

圖 25-5　不同大小的摩擦力下的共振曲線

更圓更低。這時候也許有人會說：「我以為曲線寬度還取決於摩擦力的大小。」原因是畫這種曲線圖時，一般人都是把曲線的最高峰當作一單位，但是如果我們把不同的曲線畫在同一尺度中（就像圖 25-5 中那樣），則數學意義更一目瞭然：摩擦力的效果就是把頂端的高度降低！如果摩擦力變小了些，曲線會竄得更高，直到摩擦力把它截斷，所以相對看起來更窄。更確切的說，曲線波峰愈高，波峰半高處的寬度便愈窄。

最後我們來考慮摩擦力非常大的情形。我們發現，當摩擦力大到一定程度之後，系統根本不會振盪。彈簧的能量僅能勉強用來克服摩擦力，所掛的質量慢慢移到平衡點之後，就不動了！

25-4　物理中的類比

這複習的另一方向是說明，重物與彈簧並非僅有的線性系統。其他線性系統還多的是，特別是叫做線性電路（linear circuits）的電學系統，我們看到它跟力學系統的行為殊無二致。我們尚未學到電路中各個元件**為何**會發揮作用，目前無須詳加追究，暫時把這當作實驗得來的事實即可。

比方說，讓我們舉一個最簡單的可能情況：假設我們有一小段做為電阻的金屬線，把它接在電位差 V 之間。這兒 V 的意思是：如果我們讓電荷 q 從其中一端，經過了金屬線來到另一端，其間所做的功等於 qV。電位差愈大，那麼同一電荷從電位較高的那一端「跌落」到電位較低的那一端時，所做的功亦愈大。所以電荷從一端到達另一端時，會釋放出能量來。

電荷並不會從一端直接飛到另一端，金屬線裡的原子對電荷流動造成了一些阻力，而對幾乎所有常見的物質來說，該阻力都遵守

以下這個定律：如果在有電位差 V 之下，通過該金屬線的電流為 I（即每秒通過的電荷數），則電位差 V 變大時，通過的電流 I 也隨之變大，兩者成正比：

$$V = IR = R(dq/dt) \qquad (25.11)$$

式子中的係數 R 叫做**電阻**，而此方程式稱為歐姆定律。電阻的單位是歐姆，而一歐姆等於每安培一伏特。力學的例子裡，要得到跟速度成正比的摩擦力很困難，但是在電學系統中則非常容易，且歐姆定律對大多數金屬來說都極為正確。

我們通常對電流經過金屬線時，每秒鐘做了多少功（即能量耗損，或電荷沿金屬線「跌落」所釋放出來的能量）特別有興趣。正如前所述，當我們讓電荷 q 經過了電壓 V，所做的功即 qV。那麼每秒鐘所做的功就成了 $V(dq/dt)$，也就是 VI，或者也等於 $IR \cdot I = I^2R$。這就是所謂的**熱耗損**——電阻每秒產生的熱能。由於能量守恆。普通白熱燈泡即是利用此熱能來發光照明。

當然啦！力學系統裡還有其他有趣的性質，諸如質量（慣性），電學系統中居然也有與慣性相似的東西存在，那就是電感。人們製造出**感應器**，它的性質就叫做**電感**。這個性質是指電流一旦經由電感開始流動，就**不肯停止下來**。我們知道要改變電流就得改變電壓，如果經過感應器的電流穩定不變，電感的兩端就不會有電壓存在。因此直流電路不會有電感，只有在我們**改變**電流時，電感效應才會顯現出來。電感的方程式為

$$V = L(dI/dt) = L(d^2q/dt^2) \qquad (25.12)$$

至於電感的單位叫做**亨利**（henry）。把一伏特的電壓加到一亨利的電感上，會產生每秒一安培的電流改變。如果想比較一下，電

學裡面的(25.12)式相當於力學裡面的牛頓定律：其中 V 相當於 F、L 相當於 m、而 I 相當於速度！這兩個領域中，其他相關的方程式，只需把這些相對應的字母代號調換，也都可以用同樣的方式推導出來。而從這些方程式衍生出來的每件事物，在另一系統中也都會有對應的項目。

力學裡的彈簧，力跟延伸長度成正比，在電學裡的對應項目該是什麼呢？我們從 $F = kx$ 著手，逐項取代，亦即 $F \rightarrow V$、$x \rightarrow q$，得到 $V = \alpha q$。結果我們發現電學中**的確**有對應的東西存在。

事實上，它還是三種電路元件中，唯一我們能真正瞭解的那個（就是電容器）。因為我們前面討論過一對平行金屬板的問題，而且若是兩平板各帶等量的正負電荷，它們之間的電場會跟平板上的電荷量成正比。因此把一單位電荷從其中一平板，經過中間的空隙送到另一平板上所做的功，正好跟平板上電荷量成正比，而這個功正是電位差的**定義**，也是從一平板到另一平板的電場線積分。

由於某些歷史因素使然，$V = \alpha q$ 中的比例常數 α，並沒有命名為 C，卻稱做了 $1/C$，於是上式成了

$$V = q/C \qquad (25.13)$$

這兒的 C 叫做電容，單位為法拉（farad）。電容為一法拉的電容器上兩平板各攜帶一庫侖電荷量，其電壓為一伏特。

有了以上的類比，拿(25.14)式直接以 L 取代 m，q 取代 x 等等，可得到電學振盪方程式：

$$m(d^2x/dt^2) + \gamma m(dx/dt) + kx = F \qquad (25.14)$$

$$L(d^2q/dt^2) + R(dq/dt) + q/C = V \qquad (25.15)$$

我們前面從(25.14)式所學到的心得，都可以轉而應用到(25.15)式上。一切**結果**都一樣，既然這麼像，我們可以利用它做很高明的事。

假設我們有一個相當複雜的力學系統，不只是一根彈簧上吊著一個質量，而是好多根彈簧上吊著好幾個質量，而且彼此都勾在一塊兒。該怎麼辦呢？這能解嗎？或許吧！何不打造出一個**電路**讓電路的方程式跟我們要分析的這個力學系統一樣！

想分析一根彈簧上的一個質量，何不造個電路電感跟力學系統的質量成正比，電阻跟對應的 $m\gamma$ 成正比，而 $1/C$ 又跟 k 成正比，而且比值都相同。當然如此一來，這個電路變成了力學系統的精確類比，就是指其間電荷 q 跟電壓 V 的回應關係，就跟力學系統中位移 x 跟作用力 F 的回應關係完全相同！

面對有許多互接的元件（彈簧跟質量）的複雜系統，可以把許多電阻、電感、電容互連，去**模仿**複雜力學系統。這樣作有何優點？既然兩者完全等價，要解的題目是一樣困難（或可說是一樣簡單）。所以它帶來的好處絕非電路的**數學方程式**比較容易解（雖然學電機工程的人**是**這麼做），眞正的好處是電路系統比力學系統容易**架設**，容易**修改拆換**。

假設我們設計了一部汽車，想知道它在駛過顛簸不平的道路上時，會晃得多厲害。於是我們打造一個電路，用電感代表各個輪子的慣性、用電容代表輪子上的彈簧、用電阻代表減震器，其他車輛元件依此類推。然後我們需要一條凹凸不平的道路。沒問題，我們用發電機加**電壓**到電路上，以代表某某形式的坑洞路面。想知道左邊輪子的抖動情形，只要去測量某一電容器上面的電荷就行。當測量數據顯示（很容易測量），這個輪子抖動得太厲害，我們該用較強、還是較弱的減震器？

像汽車這麼複雜的系統，我們眞的去更換減震器，再重新檢視

嗎？才不是，我們只需要去轉動一個調節鈕，好比說代表 3 號減震器的 10 號調節鈕。先把減震器調大一點，結果晃得更厲害，沒關係，那就調小一點。還是晃得厲害，那我們轉動 17 號調節鈕，去改變彈簧的堅度……這些調整都只靠轉動**電路**的調節鈕而已。

這就是所謂的**類比計算機**（analog computer）。它模仿我們想解決的問題，打造出另一個命題，後者雖然跟欲解問題有相同方程式，但處於別的自然情境，也更容易打造測量、調整，甚至報廢。

25-5　串聯阻抗與並聯阻抗

最後有個主題，雖稱不上是複習的項目，跟使用超過一個元件的電路有關，譬如說，圖 24-2 那樣有一個感應器、一個電阻器、以及一個電容器。我們注意到所有的電荷都行經這三個元件中的每一個，由單一條電線連接的電路上，每一點的電流都相同。正因為電流都相同，電阻 R 兩端的電壓為 IR，而電感 L 兩端的電壓為 $L(dI/dt)$ 等等，所以沿線的總電壓降就是這些電壓的總和，而導出了 (25.15) 式。回應正弦外力的穩定態運動，我們可以利用複數解其方程式。由此我們得到了 $\hat{V} = \hat{Z}\hat{I}$，這兒的 $\hat{Z}$ 稱為此特殊電路的**阻抗**。這告訴我們，如果對此電路施以一個正弦電壓 $\hat{V}$，我們可得到一個電流 $\hat{I}$。

接下來假設我們的電路要複雜一些，包含了兩個部分，分別具有阻抗 $\hat{Z}_1$ 跟 $\hat{Z}_2$。若我們把它們**串聯**起來（見圖 25-6(a)），施以電壓，會發生什麼事呢？這情形稍微複雜了一些，不過如果 $\hat{I}$ 是經過 $\hat{Z}_1$ 的電流，則 $\hat{Z}_1$ 兩端的電壓差會是 $\hat{V}_1 = \hat{I}\hat{Z}_1$。同樣的，$\hat{Z}_2$ 兩端的電壓則是 $\hat{V}_2 = \hat{I}\hat{Z}_2$。但是**行經這兩個部分的其實是同樣的電流**，所以總電壓差就是兩段電壓差之和，亦即 $\hat{V} = \hat{V}_1 + \hat{V}_2 = (\hat{Z}_1 + \hat{Z}_2)\hat{I}$。這意

思是指整個電路的電壓可寫成 $\hat{V} = \hat{I}\hat{Z}_s$，而其中的 $\hat{Z}_s$ 就是兩段 $\hat{Z}$ 之和：

$$\hat{Z}_s = \hat{Z}_1 + \hat{Z}_2 \tag{25.16}$$

　　以上所說的連接並非唯一的方式，另外一種方式叫做**並聯**（見圖 25-6(b)）。現在我們看到某定電壓加在並聯電路的兩個端點。如果連接的電線都是理想導體，這電壓就形同施加在這兩個並聯的阻抗上，而分別造成電流。所以通過 $\hat{Z}_1$ 的電流是 $\hat{I}_1 = \hat{V}/\hat{Z}_1$，而通過 $\hat{Z}_2$ 的電流是 $\hat{I}_2 = \hat{V}/\hat{Z}_2$。因爲兩者的電壓相同，因此進入電路的總電流是分別行經兩個阻抗電流之和：$\hat{I} = \hat{I}_1 + \hat{I}_2 = \hat{V}/\hat{Z}_1 + \hat{V}/\hat{Z}_2$。這可寫成

$$\hat{V} = \frac{\hat{I}}{(\hat{I}/\hat{Z}_1) + (\hat{I}/\hat{Z}_2)} = \hat{I}\hat{Z}_p$$

因而

$$1/\hat{Z}_p = 1/\hat{Z}_1 + 1/\hat{Z}_2 \tag{25.17}$$

　　有時候，較複雜的電路可以加以簡化，先挑出若干元件，用上述規則一步步算出串聯或並聯後的阻抗，再把電路逐步整併起來。

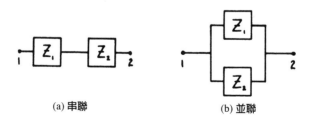

(a) **串聯**　　　　　　　　　(b) **並聯**

圖 25-6　兩個阻抗，以串聯跟並聯連接。

如果我們面對的電路有許多阻抗、連接方式五花八門，或如果電路裡還包含無阻抗小發電機形式出現的電壓（只要有電荷通過，發電機就會加上電壓 V），我們就得謹守以下兩個原則：(1) 通過任一接點的電流總和爲零。意思是所有進來的電流必然會出去。(2) 如果我們沿著任一迴路運送電荷，只要是又回到起始點，則所做的淨功是零。

　　這兩個法則稱爲電路的**克希何夫定律**（Kirchhoff's laws）。把它按部就班應用在複雜電路，有助於簡化這種電路的分析。我們之所以把它們跟(25.16)式跟(25.17)式放在這兒略作介紹，是考慮到讀者在實驗時，或許已經需要分析這種電路了。明年的課程（第 II 卷）裡會更詳細的討論這個主題。

The Feynman 閱讀筆記

國家圖書館出版品預行編目資料

費曼物理學講義 . I, 力學、輻射與熱 . 3：旋轉與振盪 / 費曼
(Richard P. Feynman), 雷頓 (Robert B. Leighton), 山德士
(Matthew Sands) 著 ; 師明睿譯 . -- 第二版 . -- 臺北市 : 遠見天
下文化 , 2018.04
　　面 ; 　公分 . --（知識的世界 ; 1218）
譯自 : The Feynman lectures on physics, new millennium ed.,
volume I
ISBN 978-986-479-426-3（平裝）

1. 物理學 2. 力學

330

107005786

知識的世界 1218

費曼物理學講義 I——力學、輻射與熱
(3) 旋轉與振盪

原　　著／費曼、雷頓、山德士
譯　　者／師明睿
審 訂 者／高涌泉
顧 問 群／林和、牟中原、李國偉、周成功

總編輯／吳佩穎
編輯顧問／林榮崧
責任編輯／徐仕美　特約校對／楊樹基
美術編輯暨 面設計／江儀玲

出 版 者／遠見天下文化出版股份有限公司
創 辦 人／高希均、王力行
遠見・天下文化 事業群榮譽董事長／高希均
遠見・天下文化 事業群董事長／王力行
天下文化社長／林天來
國際事務開發部兼版權中心總監／潘欣
法律顧問／理律法律事務所陳長文律師　著作權顧問／魏啟翔律師
社　　址／台北市 104 松江路 93 巷 1 號 2 樓
讀者服務專線／（02）2662-0012　　傳真／（02）2662-0007；2662-0009
電子信箱／cwpc@cwgv.com.tw
直接郵撥帳號／1326703-6 號 遠見天下文化出版股份有限公司

電腦排版／東豪印刷事業有限公司
製 版 廠／東豪印刷事業有限公司
印 刷 廠／中原造像股份有限公司
裝 訂 廠／中原造像股份有限公司
登 記 證／局版台業字第 2517 號
總 經 銷／大和書報圖書股份有限公司　電話／（02）8990-2588
出版日期／2008 年 10 月 31 日第一版第 1 次印行
　　　　　2023 年 11 月 10 日第二版第 6 次印行

定　　價／350 元
原著書名／THE FEYNMAN LECTURES ON PHYSICS : The New Millennium Edition, Volume I
by Richard P. Feynman, Robert B. Leighton and Matthew Sands
Copyright © 1965, 2006, 2010 by California Institute of Technology,
Michael A. Gottlieb, and Rudolf Pfeiffer
Complex Chinese translation copyright © 2008, 2012, 2016, 2017, 2018 by Commonwealth
Publishing Co., Ltd., a member of Commonwealth Publishing Group
Published by arrangement with Basic Books, a member of Perseus Books Group
through Bardon-Chinese Media Agency
博達著作權代理有限公司
ALL RIGHTS RESERVED

ISBN:978-986-479-426-3（英文版 ISBN:978-0-465-02493-3）

書號：BBW1218

天下文化官網　bookzone.cwgv.com.tw

※ 本書如有缺頁、破損、裝訂錯誤，請寄回本公司調換。